Fit fürs **Gymnasium**

Mathematik

Schroedel

Fit fürs **Gymnasium**

Mathematik

Autor:

Rainer Hild weiß aus langjähriger Erfahrung als Nachhilfelehrer und Autor für das Fach Mathematik, welche Schwierigkeiten im Mathematikunterricht auftreten können. Er vermittelt Tipps und Methoden, wie Schülerinnen und Schüler diese Schwierigkeiten sicher überwinden können.

Unter Mitarbeit von Jürgen Ruschitz und Bernd Wurl.

Druck [1] / Jahr 2015

Redaktion: imprint, Zusmarshausen
Umschlaggestaltung und Layout: Janssen Kahlert Design & Kommunikation GmbH, Hannover
Illustrationen: Hans-Jürgen Feldhaus, Münster
Druck und Bindung: westermann druck GmbH, Braunschweig

ISBN 978-3-507-**23272**-3

Vorwort

Liebe Schülerin, lieber Schüler,

du stehst kurz vor dem Übergang in die 5. Klasse des Gymnasiums? *Fit fürs Gymnasium* hilft dir, deine Leistungen im Fach Mathematik richtig einzuordnen und das zu trainieren, was du noch nicht sicher genug beherrschst. Wie arbeitest du mit diesem Buch?

1. Beginne mit dem Einstiegstest. Bearbeite jeweils einen Teilbereich (A bis E). Für einen Teilbereich benötigst du ungefähr 45 Minuten.
2. Mithilfe der Lösungen im Anhang kontrollierst du, ob du die Test-Aufgaben richtig bearbeitet hast.
   Notiere deine Ergebnisse im Lernplaner (auf Seite 6).
3. Der Lernplaner gibt dir eine Übersicht darüber, welche Themen dir noch Schwierigkeiten bereiten und welche Kapitel du daher als Erstes bearbeiten solltest. Am Ende jedes Kapitels kannst du mithilfe des Zwischentests deinen Lernfortschritt überprüfen.
4. Nachdem du alle Kapitel durchgearbeitet hast, in denen du noch Schwierigkeiten hattest, bist du fit für den Abschlusstest.

Wenn du im Buch nicht genügend Platz zur Bearbeitung der Aufgaben findest, nimm einfach ein Heft zur Hand.

Viel Erfolg beim Üben mit *Fit fürs Gymnasium*!
Rainer Hild

Eltern-Spezial

Liebe Eltern,

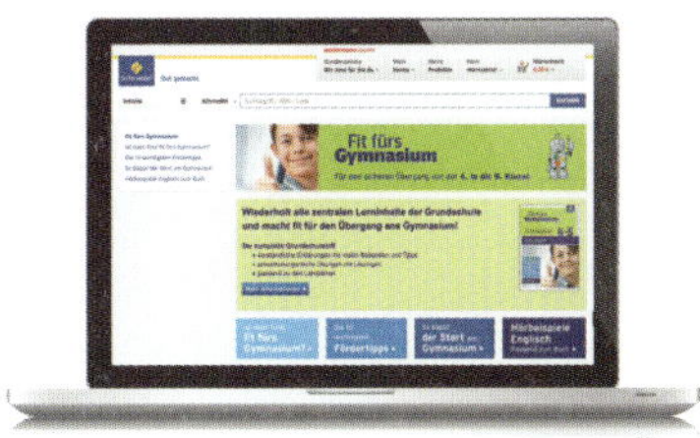

wie Sie Ihre Kinder auf dem Weg ins Gymnasium am besten unterstützen, erfahren Sie auf:
www.schroedel.de/Uebergang-Gymnasium

Auf dieser Website haben wir praktische Checklisten und Fördertipps für Sie zusammengestellt.

Inhalt

Lernplaner

1. Bearbeite den Einstiegstest. Kreuze hier an, welches Ergebnis du in den verschiedenen Teilbereichen erzielt hast.

Teilbereich Einstiegstest				Seiten im Buch
A Zahlen und Grundrechenarten				Seite 13 bis 22
B Schriftliche Rechenverfahren				Seite 23 bis 45
C Größen				Seite 46 bis 68
D Sachaufgaben				Seite 69 bis 85
E Geometrie				Seite 86 bis 106

2. Bei welchen Teilbereichen hast du angekreuzt?
Notiere sie in der Tabelle unten. Beginne mit dem schlechtesten Ergebnis.
Bearbeite dann die angegebenen Seiten im Buch der Reihe nach.
Dein Ergebnis im Zwischentest sollte nun mindestens ein sein.

Teilbereich Einstiegstest	Ergebnis Einstiegs-test	erledigen bis	Ergebnis Zwischen-test

3. Ergänze, wo du im Einstiegstest ein erreicht hast. In diesen Bereichen bereiten dir wahrscheinlich nur bestimmte Aufgabentypen Schwierigkeiten. Konzentriere dich darauf, wenn du das jeweilige Kapitel bearbeitest. Auch wenn du überwiegend erzielt hast, kannst du dieses Buch nutzen, um noch sicherer zu werden.

4. Kontrolliere deinen Lernerfolg mithilfe des Abschlusstests.

Einstiegstest

A Zahlen und Grundrechenarten

1 Trage in die freien Felder die richtigen Zahlen ein.

maximale Punktzahl 5

2 Berechne das Ergebnis im Kopf.

a) 5200 − 7 = ... b) 9400 + 800 = ...

c) 3173 + 40 = ... d) 16 800 − 140 = ...

e) 1800 : 3 = ... f) 4200 · 4 = ...

g) 4000 : 80 = ... h) 313 · 30 = ...

i) 3180 + ... = 3270 j) 410 · .... = 8200

k) .... − 68 = 5102 l) .... : 50 = 200

maximale Punktzahl 6

3 Runde zunächst auf die markierten Ziffern und führe dann die Überschlagsrechnung durch:

a) 5430 + 6748 = ... = ...

b) 7180 − 5920 = ... = ...

c) 384 · 29 = ... = ...

d) 5398 : 603 = ... = ...

maximale Punktzahl 4

Kontrolliere deine Ergebnisse mithilfe der Lösungen (Seite 113) und addiere die erreichten Punkte.

☐ 15 bis 12 Punkte: ☺ ☐ 11 bis 8 Punkte: 😐 ☐ 7 bis 0 Punkte: ☹

Lernplaner

Gesamtpunktzahl .... von 15

Einstiegstest

B Schriftliche Rechenverfahren

4 a) 9286 + 769 b) 54 709 + 9591

c) 6475 + 2893 d) 487 + 1093

maximale Punktzahl 4

5 a) 6207 − 839 b) 24 072 − 3857

c) 12 634 − 897 d) 6478 − 5992

maximale Punktzahl 4

6 a) 14 678 + 396 + 5498 b) 65 473 − 8173 − 24 962

maximale Punktzahl 4

7

a) 5 6 8 · 6 7 b) 3 4 0 6 · 7 4

c) 346 · 217

d) 2047 · 305

maximale Punktzahl 4

8

a) 4320 : 6 =

b) 2542 : 31 =

maximale Punktzahl 2

9 **Bei dieser Aufgabe bleibt ein Rest, z. B. 29 : 6 = 4 Rest 5.**

174929 : 8 =

maximale Punktzahl 2

10 a) 12 · 6 – 3 · 14 = ...

b) 31 – 6 · 3 + 5 · 15 ....

c) (43 – 15) · 4 – 3 · (12 + 18) ....

maximale Punktzahl 6

11 **Entscheide, ohne zu rechnen, ob die Division aufgeht. Begründe.**

a) 1278 : 2 b) 816 : 4 c) 461 : 5

d) 759 : 3 e) 820 : 10 f) 5435 : 9

maximale Punktzahl 3

Kontrolliere deine Ergebnisse mithilfe der Lösungen (Seite 113) und addiere die erreichten Punkte.

☐ 29 bis 23 Punkte: ☐ 22 bis 15 Punkte: ☐ 14 bis 0 Punkte:

Lernplaner

Gesamtpunktzahl

.... von 29

Einstiegstest

C Größen

12 Schreibe das Ergebnis mit Komma als Euro-Betrag; z. B. 4,27 €.

a) 4,75 € + 3 € = ... €
b) 68 ct + 2,15 € = ... €
c) 3,68 € + 2,59 € = ... €
d) 12,80 € + 75 ct = ... €
e) 3 · 7,24 € = ... €
f) 65,25 € : 5 = ... €

maximale Punktzahl 6

13 Wie lang ist der Rundkurs? Schreibe in Meter und in Kilometer.

$\overline{AB}$ = ... m

$\overline{BC}$ = ... m

$\overline{CA}$ = ... m

.... m

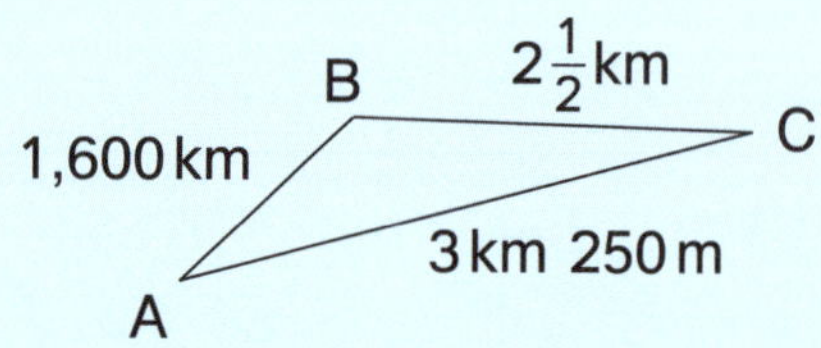

Der Rundkurs ist .... m lang. Der Rundkurs ist .... km lang.

maximale Punktzahl 3

14 In das kleine Glas passen 50 ml (Milliliter) Flüssigkeit. Wie viele Gläser dieser Größe können aus einer Flasche mit 1 l (Liter) Inhalt gefüllt werden?

Antwort: ....

maximale Punktzahl 2

15 Die Holzkiste wiegt 750 g, jede Apfelsaftflasche wiegt 1,3 kg. Wie schwer ist die gefüllte Kiste?

Antwort: ....

maximale Punktzahl 2

16 Anfang und Ende finden am selben Tag statt. Fülle die Lücken aus.

Anfang	9:30 Uhr	13:10 Uhr		11:55 Uhr	16:41 Uhr
Ende	11:45 Uhr		17:45 Uhr		18:17 Uhr
Dauer	h min	3 h 15 min	2 h 24 min	4 h 20 min	h min

maximale Punktzahl 5

Gesamtpunktzahl
.... von 18

Lernplaner

Kontrolliere deine Ergebnisse mithilfe der Lösungen (Seite 113) und addiere die erreichten Punkte.

☐ 18 bis 14 Punkte: ☺ ☐ 13 bis 9 Punkte: 😐 ☐ 8 bis 0 Punkte: ☹

D Sachaufgaben

17 **In der 5a sind 14 Mädchen und 12 Jungen. Am Mittwoch ist ein Kinobesuch geplant. Jedes Kind zahlt 4,50 € Eintritt. Die Kosten werden aus der Klassenkasse bezahlt. Am Mittwochmorgen sind 202 € in der Klassenkasse; wie viel sind es am Donnerstagmorgen?**

maximale Punktzahl 4

18 **Im letzten Jahr hat Frau Schmidt 29 640 km zurückgelegt.**

a) Wie viele Kilometer waren das durchschnittlich im Monat?

b) Pro Kilometer stößt Frau Schmidts Auto 170 g des klimaschädlichen Gases Kohlendioxid (CO_2) aus. Wie viel kg CO_2 könnte sie einsparen, wenn sie ein Auto fahren würde, das nur noch 120 g CO_2 pro gefahrenen Kilometer ausstößt? Gib in kg und (gerundet) in t an.

maximale Punktzahl 6

19 **Ein Elefant nimmt jeden Tag 60 kg Nahrung zu sich. Eine Maus benötigt gerade einmal 3 g. Wie viele Mäuse könnte man mit der täglichen Nahrungsmenge von zwei Elefanten jeden Tag füttern?**

maximale Punktzahl 4

20 **Auf einer 540 km langen Strecke erreicht der ICE eine Durchschnittsgeschwindigkeit von 180 km pro Stunde. Um 9:10 Uhr fährt er los. Wann kommt er im Zielbahnhof an?**

maximale Punktzahl 4

21 **Giovanni bietet sechs Eissorten an: Pfirsich, Schoko, Erdbeer, Banane, Himbeer und Vanille. Um herauszufinden, welche Eissorte am häufigsten verlangt wird, hat er an einem Tag eine Strichliste erstellt:**

Sorte	Pfirsich	Schoko	Erdbeer	Banane	Himbeer	Vanille
Wie oft?	卌 I	卌 卌 I	卌 IIII	卌 III	III	卌 卌 IIII

a) Erstelle eine Häufigkeitstabelle und ein Säulendiagramm.

b) Bewerte die Aussagen mit „richtig“ oder „falsch“. Begründe.

(1) Der nächste Kunde verlangt ganz sicher ein Vanilleeis.

(2) Dass als nächstes Himbeer gewünscht wird, ist unwahrscheinlich.

(3) Pfirsicheis ist zweimal so beliebt wie Himbeereis.

maximale Punktzahl 6

Kontrolliere deine Ergebnisse mithilfe der Lösungen (Seite 113/114) und addiere die erreichten Punkte.

☐ 24 bis 19 Punkte: ☐ 18 bis 12 Punkte: ☐ 11 bis 0 Punkte:

Lernplaner

Gesamtpunktzahl .... von 24

E Geometrie

22 Ist g senkrecht zu h? Du darfst das Geodreieck verwenden.

a) 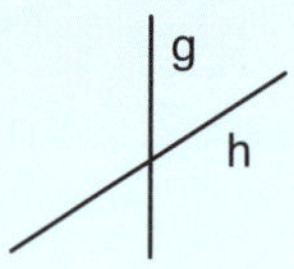

b) 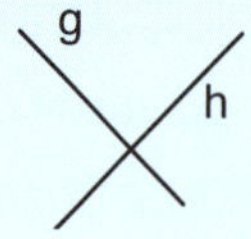

c) 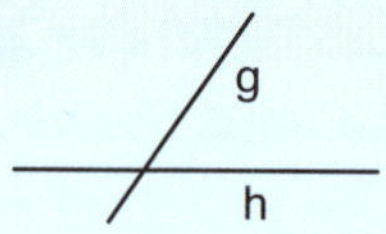

d) 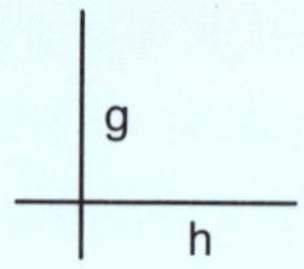

maximale Punktzahl 4

23 Ergänze zu einer symmetrischen Figur.

a) 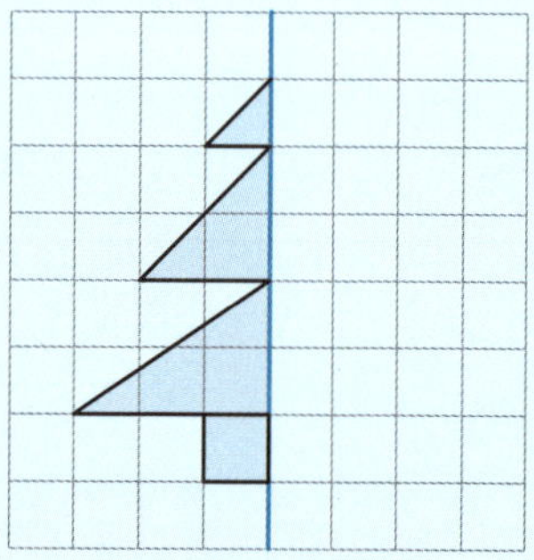

b) 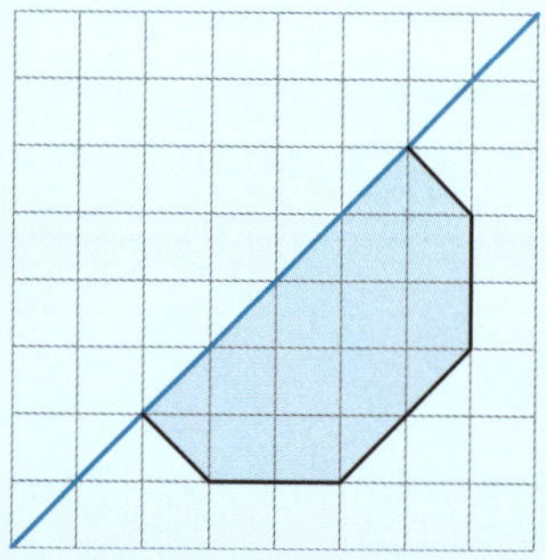

maximale Punktzahl 4

24 Die Terrasse vor dem Haus der Familie Schmidt ist 4 m lang und 3 m breit. Sie soll mit quadratischen Fliesen von 20 cm Länge und Breite ausgelegt werden. Wie viele Fliesen passen in eine Reihe und wie viele Reihen sind es?
Wie viele Fliesen werden insgesamt benötigt?

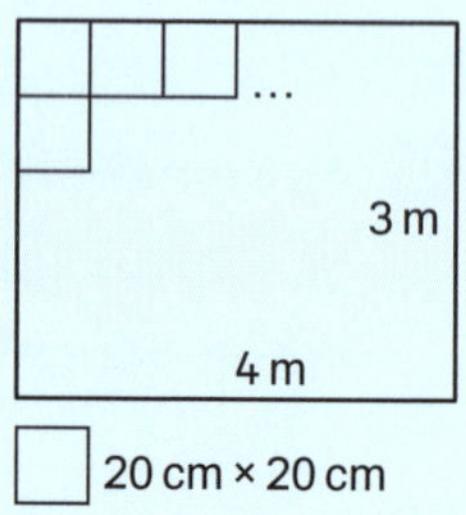

Fliesen pro Reihe: .... Anzahl der Reihen: .... Anzahl aller Fliesen: ....

maximale Punktzahl 3

25 Kann man aus dem Netz einen Würfel falten?

a) 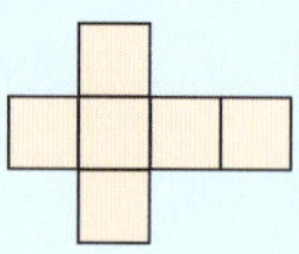

b) 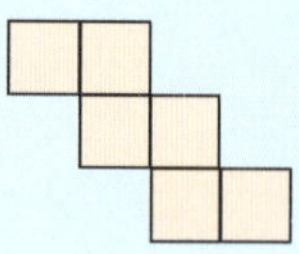

c) 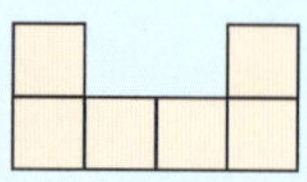

d) 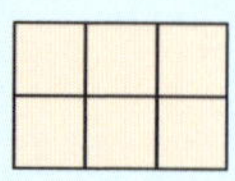

e) 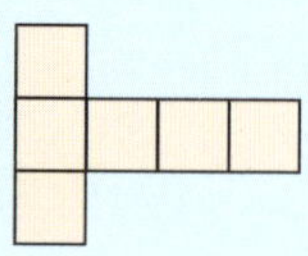

maximale Punktzahl 5

26 Zeichne ins Heft das Schrägbild eines Würfels mit 3 cm Kantenlänge. Verkürze auf eine Kästchendiagonale.

maximale Punktzahl 2

Gesamtpunktzahl
.... von 18

Lernplaner

Kontrolliere deine Ergebnisse mithilfe der Lösungen (Seite 114) und addiere die erreichten Punkte.

☐ 18 bis 14 Punkte: ☺ ☐ 13 bis 9 Punkte: 😐 ☐ 8 bis 0 Punkte: ☹

Zahlen und Grundrechenarten

Das lernst du hier:

- → Wie du Zahlen mithilfe einer Stellenwerttafel aufschreibst.
- → Was es mit dem Runden von Zahlen auf sich hat.
- → Wie du Zahlen auf einem Zahlenstrahl darstellen kannst.
- → Mit welchen Tricks du dir das Kopfrechnen erleichterst.

Stellenwerttafel

REGEL

Zahlen werden stellenweise aufgeschrieben. Zur Übersicht hilft eine **Stellenwerttafel**, die aus zwei Dreierblöcken besteht:
H = Hunderter, Z = Zehner und E = Einer bilden den rechten Dreierblock, HT = Hunderttausender, ZT = Zehntausender und T = Tausender bilden den linken Dreierblock.
Die Stellenwerttafel kann man beliebig nach links fortsetzen.

1 **Wie heißt die Zahl? Sortiere zunächst mithilfe der Stellenwerttafel und schreibe dann in Worten.**

	HT	ZT	T	H	Z	E
a) 1 Z 7 T 0 H 6 E 1 ZT						
b) 1 T 5 ZT 7 E 2 HT 6 H 0 Z						
c) 4 T 9 E 8 H 3 Z 2 ZT						
d) 0 Z 0 ZT 3 H 4 HT 7 T 5 E						

Runden von Zahlen

REGEL

Zahlen werden häufig **gerundet**, um sich ihre Größe besser vorstellen zu können oder um eine Überschlagsrechnung zu machen. Die **Rundungsstelle** der Zahl kann der Zehner (Z), der Hunderter (H), der Tausender (T), der Zehntausender (ZT) usw. sein.

- **Abrunden:** Die Rundungsstelle wird **beibehalten**, wenn an der nächstkleineren Stelle eine **0, 1, 2, 3** oder eine **4** steht.
- **Aufrunden:** Die Rundungsstelle wird **um 1 erhöht**, wenn an der nächstkleineren Stelle eine **5, 6, 7, 8** oder eine **9** steht.
  Beachte: Wenn die Rundungsstelle 9 ist, dann wird beim Aufrunden aus der 9 eine 0 und die nächsthöhere Stelle wird um 1 erhöht.
- Aus den Ziffern rechts von der Rundungsstelle werden sowohl beim Abrunden als auch beim Aufrunden „Nullen".

Hinweis: Das Zeichen „≈" bedeutet: ist ungefähr gleich.

Beispiele:

Rundungsstelle (Z) 2534 ≈ 2530;
Rundungsstelle (H) 2534 ≈ 2500;
Rundungsstelle (Z) 2395 ≈ 2400;
Rundungsstelle (H) 2479 ≈ 2500
Rundungsstelle (T) 2479 ≈ 2000;
Rundungsstelle (T) 39 987 ≈ 40 000

2 **Auf welche Rundungsstelle (Z, H, T, ZT oder HT) wurde gerundet?**

a) 4578 ≈ 4600 auf ....
b) 12 256 ≈ 12 000 auf ....
c) 26 248 ≈ 30 000 auf ....
d) 482 ≈ 480 auf ....

3 **Runde die Zahl auf die in der Klammer angegebene Rundungsstelle.**

a) (T): 34 508 ≈ ....
b) (ZT): 26 483 ≈ ....
c) (H): 24 953 ≈ ....
d) (HT): 481 555 ≈ ....
e) (T): 9634 ≈ ....
f) (Z): 995 ≈ ....

4 **Die Länge des Nils beträgt auf Zehner gerundet 6670 km.**

a) Wie lang ist er mindestens? ....
b) Wie lang ist er höchstens? ....

Zahlenstrahl

REGEL

Die natürlichen Zahlen kann man an einem Zahlenstrahl darstellen:

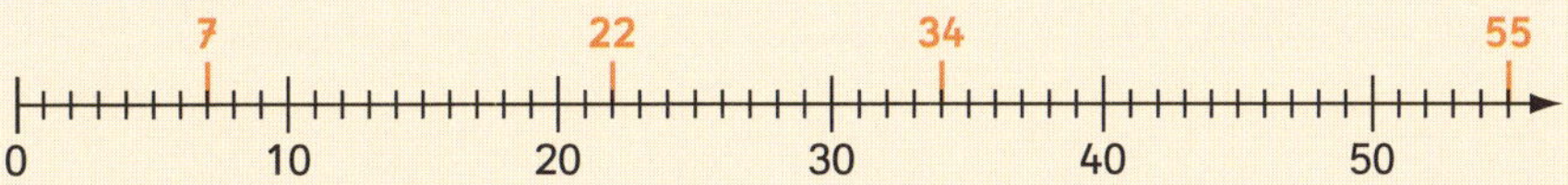

Der Zahlenstrahl beginnt mit der Zahl 0. An das rechte Ende des Zahlenstrahls zeichnet man eine Pfeilspitze, weil es beliebig große Zahlen gibt.

Der Abstand zwischen zwei benachbarten Zahlen ist immer gleich.

Von zwei Zahlen ist die weiter rechts stehende Zahl immer die größere.

Man kann auch größere Zahlen auf einem Zahlenstrahl darstellen, indem man dem Abstand zwischen zwei benachbarten Strichen einen größeren Betrag zuweist oder nur einen Ausschnitt des Zahlenstrahls (siehe Beispiel auf Seite 16) darstellt. Hier ist dieser Abstand 10:

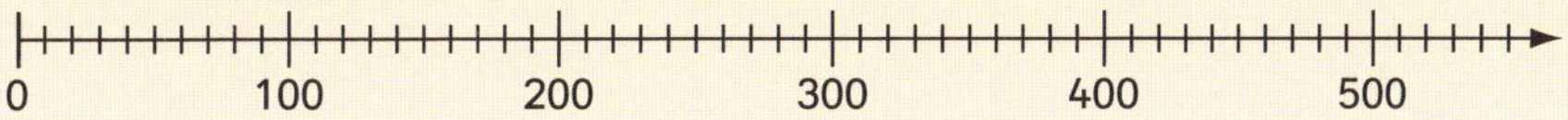

5 Schreibe die richtige Zahl in das Kästchen.

a) 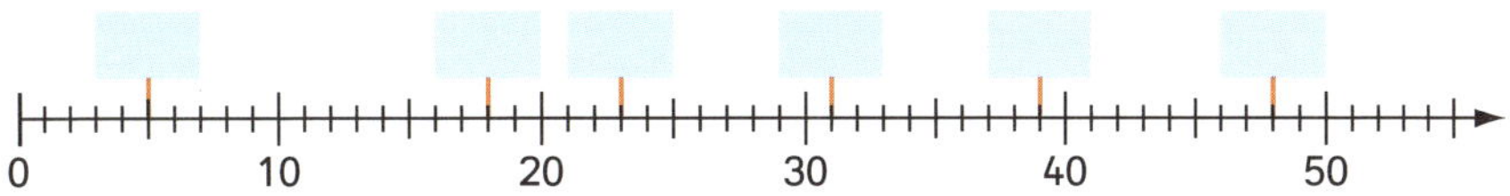

b) 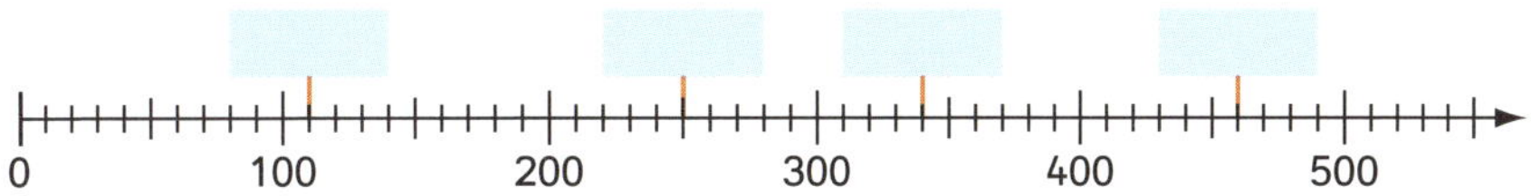

c) 

d) 

TIPP

Überlege dir bei einem Zahlenstrahl immer zuerst, welchen Abstand zwei benachbarte Striche haben.

Trage dann erst die gesuchte Zahl ein.

6 **Markiere die unten aufgeführten Zahlen wie im Beispiel im Zahlenstrahl.**

a) 2100 b) 1050 c) 600 d) 1750 e) 2400

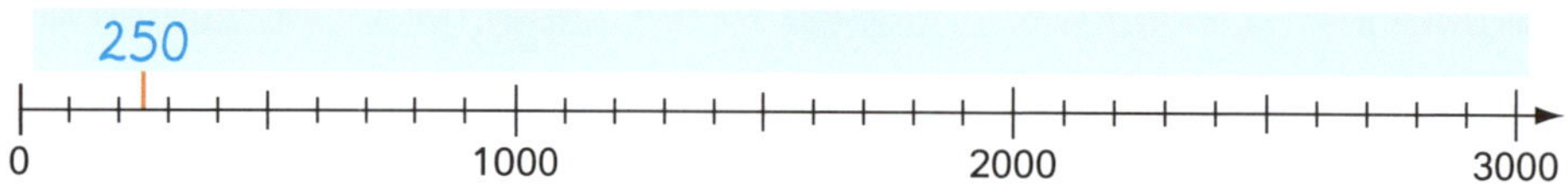

7 **Zeichne jeweils einen geeigneten, bei Null beginnenden Zahlenstrahl und trage die Zahlen ein.**

a) 50, 100 und 150 b) 250, 500 und 750 c) 150, 300 und 450.

8 **Zeichne im Heft einen geeigneten Zahlenstrahlausschnitt und trage die beiden Zahlen ein. Welcher Strichabstand ist jeweils sinnvoll?**

a) 2270; 2290 b) 1200; 1800 c) 75; 115 d) 999; 1004

REGEL

Zahlen, für die keine Markierung vorhanden ist, kannst du nur ungefähr zwischen zwei Strichen eintragen.

Beispiele: **143** liegt zwischen **140** und **150**, aber dichter bei 140.

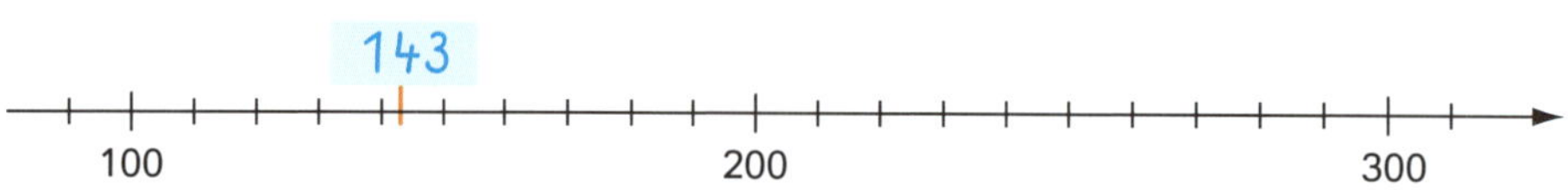

Kopfrechnen – Addition und Subtraktion

REGEL

Wenn du im Zahlenraum bis 20 sicher addieren und subtrahieren kannst, so hilft dir das auch bei größeren Zahlen.
Zwei zweistellige Zahlen **addierst** du leicht im Kopf, indem du zuerst die beiden Zehnerziffern und die beiden Einerziffern getrennt addierst. Anschließend kannst du beide Ergebnisse im Kopf addieren.
Eine **Subtraktion** von zwei zweistelligen Zahlen kannst du leicht durchführen, indem du beide Zahlen zuerst so um den gleichen Betrag erhöhst oder verringerst, dass die rechte Zahl eine Zehnerzahl ist. Anschließend berechnest du das Ergebnis. Eine andere Möglichkeit ist es, von der rechten Zahl auf die linke Zahl schrittweise hochzuzählen.

Beispiele: a) 57 + 28 = (50 + 20) + (7 + 8) = **70 + 15 = 85**
b) 71 – 58 = 73 – 60 = 13; beide Zahlen wurden zuerst um 2 erhöht.
Dasselbe Ergebnis erhältst du, wenn du von der rechten Zahl auf die linke Zahl hochzählst. Bei 71 – 58 geht das so: von 58 sind es 2 bis zu 60. Anschließend sind es von 60 noch 11 bis 71. Das Ergebnis ist also 2 + 11 = 13.
Hinweis: Genauso rechnen auch die Verkäufer/innen beim Bäcker oder sonstigen Verkaufsständen, wenn sie das Wechselgeld ohne elektronische Kasse berechnen müssen. Entscheide dich für eine der beiden Möglichkeiten und versuche, darin ein Meister bzw. eine Meisterin zu werden.

9 **Berechne im Kopf. Lass, falls möglich, die Zwischenschritte weg.**

a) 53 + 32 = ... = ... b) 27 + 42 = ... = ...

c) 49 + 21 = ... = ... d) 17 + 57 = ... = ...

e) 34 + 28 = ... = ... f) 28 + 55 = ... = ...

10 **Berechne im Kopf. Lass, falls möglich, die Zwischenschritte weg.**

a) 38 – 22 = ... = ... b) 69 – 48 = ... = ...

c) 75 – 51 = ... = ... d) 42 – 17 = ... = ...

e) 91 – 63 = ... = ... f) 57 – 29 = ... = ...

REGEL

Wenn du im Zahlenbereich bis 100 sicher addieren und subtrahieren kannst, so hilft dir das auch bei größeren 10er-Zahlen. Dazu führst du die Rechnung zuerst einfach ohne die „0" durch und hängst ans Ergebnis diese „0" wieder an. Diese Methode kannst du natürlich auch dann anwenden, wenn ein Hunderter *nicht* überschritten wird.
Du kannst einen Sprung über einen Hunderter aber auch so berechnen: Bei Additionen rechnest du zunächst die *linke* Zahl zum nächsten Hunderter hoch und ziehst gleichzeitig von der *rechten* Zahl soviel ab, wie der linken Zahl zum nächsten Hunderter fehlt (Beispiel a).
Bei Subtraktionen ziehst du zunächst von beiden Zahlen soviel ab, wie der linken Zahl zum nächstkleineren Hunderter fehlt (Beispiel b).

Beispiele: a) Bei 27**0** + 8**0** rechnest du 27 + 8 = 35. Also ist 27**0** + 8**0** = 35**0**. Andere Möglichkeit: 270 + 80 = 300 + 50 = 350. Von 270 zu 300 sind es 30; also musst du 30 von 80 abziehen.
b) Bei 53**0** – 6**0** rechnest du 53 – 6 = 47. Also 53**0** – 6**0** = 47**0**. Oder: 530 – 60 = 500 – 30 = 470. Von beiden Zahlen wurde erst 30 abgezogen.

11 **Berechne mit einem der oben genannten Verfahren.**

a) 30 + 60 = ...   b) 80 – 30 = ...   c) 330 + 60 = ...
d) 860 – 20 = ...   e) 570 + 70 = ...   f) 830 – 60 = ...
g) 420 + 90 = ...   h) 680 – 90 = ...   i) 390 + 40 = ...
j) 230 – 80 = ...   k) 120 – 40 = ...   l) 260 + 90 = ...

TIPP

Ist bei einer Plus-Aufgabe die erste Zahl kleiner als die zweite, dann tausche im Kopf.

Beispiel: 30 + 280
Rechne: 280 + 30
Du erhältst: 280 + 30 = 310

12 **Tausche im Kopf und rechne dann.**

a) 20 + 570 = ...   b) 40 + 280 = ...   c) 70 + 760 = ...

13 **Löse die Kettenaufgabe.**

220 —(+50)→ ☐ —(+60)→ ☐ —(+80)→ ☐ —(–90)→ ☐

Kopfrechnen – Multiplikation und Division

REGEL

Mithilfe des kleinen 1×1 kannst du auch die Aufgaben des **großen 1×1** schnell durch Zerlegen im Kopf berechnen,
z. B.: $4 \cdot 16 = 4 \cdot 10 + 4 \cdot 6 = 40 + 24 = 64$

14 **Berechne im Kopf durch Zerlegen.**
Lasse die Zwischenergebnisse, falls möglich, weg.

a) $6 \cdot 12 =$ 60 + ... = ...
b) $8 \cdot 14 =$ .... + ... = ...
c) $7 \cdot 16 =$ ....
d) $5 \cdot 19 =$ ....
e) $9 \cdot 13 =$ ....
f) $3 \cdot 17 =$ ....
g) $6 \cdot 18 =$ ....
h) $5 \cdot 17 =$ ....
i) $8 \cdot 16 =$ ....
j) $7 \cdot 14 =$ ....
k) $9 \cdot 12 =$ ....
l) $6 \cdot 15 =$ ....

REGEL

Bei der **Multiplikation mit Zehnerzahlen** rechnest du zuerst ohne die „0“. Anschließend brauchst du die „0“ nur noch anzufügen.
So rechnest du bei $5 \cdot 30$ zuerst $5 \cdot 3 = 15$. Also ist $5 \cdot 30 = 150$.

15 **Berechne im Kopf.**

a) $6 \cdot 80 =$ ....
b) $2 \cdot 90 =$ ....
c) $8 \cdot 70 =$ ....
d) $5 \cdot 40 =$ ....
e) $7 \cdot 60 =$ ....
f) $3 \cdot 90 =$ ....

16 **Fülle die Lücken aus.**

a) $4 \cdot 15 =$ ....
b) .... $\cdot 16 = 48$
c) .... $\cdot 12 = 24$
d) $6 \cdot 13 =$ ....
e) .... $\cdot 12 = 60$
f) .... $\cdot 40 = 280$
g) $8 \cdot 11 =$ ....
h) .... $\cdot 50 = 250$
i) .... $\cdot 13 = 65$

REGEL

Die **Divisionsaufgaben** des kleinen 1×1 löst du, indem du dir überlegst, wie oft der Divisor (Teiler, also die rechte Zahl) in den Dividenden (die linke Zahl) passt. Zum Beispiel musst du dir bei 42 : 7 überlegen: „Wie viel mal 7 ergibt 42?“ Das Ergebnis ist 6.

17 Berechne im Kopf.

a)	b)	c)	d)
56 : 7 = ...	21 : 3 = ...	48 : 6 = ...	27 : 9 = ...
24 : 4 = ...	64 : 8 = ...	24 : 6 = ...	32 : 4 = ...
45 : 5 = ...	63 : 7 = ...	81 : 9 = ...	54 : 6 = ...
27 : 3 = ...	18 : 3 = ...	40 : 8 = ...	49 : 7 = ...
20 : 4 = ...	24 : 8 = ...	30 : 6 = ...	32 : 8 = ...
36 : 6 = ...	12 : 4 = ...	15 : 5 = ...	72 : 9 = ...

TIPP

Hast du noch Probleme mit Kopfrechnen? Dann schreibe alle Aufgaben des kleinen 1×1 auf kleine Kärtchen und das Ergebnis auf die Rückseite. Übe dann mit deinen Eltern oder einer Freundin bzw. einem Freund.

REGEL

Bei einer Division von Zahlen, die am Ende eine oder mehrere Nullen haben, wie beispielsweise 2400 : 8, rechnest du zuerst ohne die Nullen, also 24 : 8 = 3. Anschließend fügst du die Nullen der linken Zahl wieder an (hier sind es zwei Nullen): 2400 : 8 = 300

Wenn beide Zahlen am Ende Nullen haben, kannst du dir Rechnung vereinfachen, indem du jeweils gleich viele Nullen streichst. Beispielsweise darfst du in 1200 : 300 zwei Nullen streichen. 1200 : 300 = 12 : 3 = 4

Beachte: Bei unterschiedlich vielen Nullen wie in 2100 : 70 bleiben in der linken Zahl eine oder mehrere Nullen übrig. 2100 : 70 = 210 : 7 = 30

TIPP

Mache eine Probe: Multipliziere das Ergebnis mit dem Teiler. Wenn dabei der Dividend (linke Zahl) herauskommt, stimmt die Rechnung.

18 Berechne im Kopf.

a) 160 : 4 = ... b) 1500 : 3 = ... c) 32 000 : 4 = ...

d) 810 : 9 = ... e) 1600 : 4 = ... f) 45 000 : 5 = ...

19 Rechne im Kopf.

a) 180 : 60 = ... b) 2400 : 300 = ... c) 21 000 : 3000 = ...

d) 250 : 50 = ... e) 4200 : 700 = ... f) 54 000 : 9000 = ...

20 Rechne schrittweise. Streiche zuerst Nullen, soweit möglich.

a) 4800 : 60 = ... b) 24 000 : 80 = ...

c) 72 000 : 900 = ... d) 54 000 : 600 = ...

21 Rechne ohne Zwischenschritte, falls möglich.

a) 12 000 : 200 = ... b) 210 : 70 = ... c) 35 000 : 5 = ...

d) 800 : 4 = ... e) 2700 : 30 = ... f) 48 000 : 800 = ...

22 Frosch Fridolin macht 6er-Sprünge.

Wie viele Sprünge braucht er bis 5400? ....

23 8 Mitglieder einer Lottogemeinschaft haben 480 000 € gewonnen.

Wie viel Geld bekommt jeder? ....

24 Ergänze die Felder des Schneckenhauses.
Kommst du auf 6400 im innersten Feld?
Beginne mit der Aufgabe 5600 : 70.

Zwischentest

Zahlen und Grundrechenarten

1 **Schreibe das Zahlwort mit Ziffern.**

a) Siebentausendzweihundertdreiundsechzig ....

b) Fünfundneunzigtausendneununddreißig ....

c) Zweihundertneuntausendeins ....

maximale Punktzahl 3

2 **Runde die Zahl auf die in den Klammern stehende Rundungsstelle.**

a) (ZT): 48 574 ≈ .... b) (T): 99 287 ≈ ....

c) (Z): 74 895 ≈ .... d) (H): 59 951 ≈ ....

maximale Punktzahl 4

3 **Der Fluss Jangtsekiang in China hat eine auf Hunderter gerundete Länge von 6400 km.**

Wie lang ist er mindestens? ....

Wie lang ist er höchstens? ....

maximale Punktzahl 2

4 **45, 50, 55, 80, 90, 205, 210, 270, 275, 280. Vier von diesen Zahlen gehören in die Kästchen über dem Zahlenstrahl. Welche?**

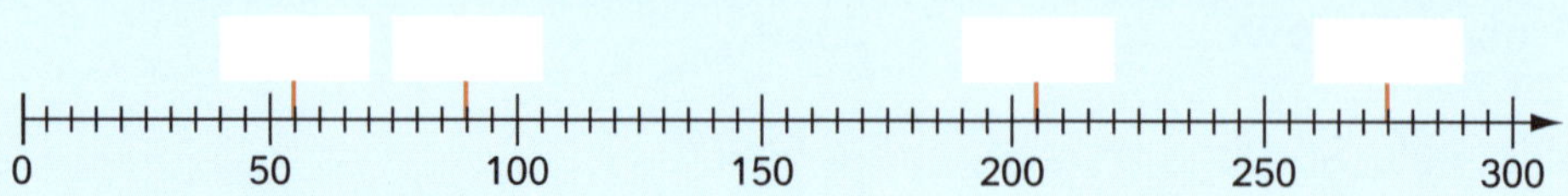

maximale Punktzahl 14

5 **Berechne nach Möglichkeit im Kopf.**

a) 67 + 38 = ... b) 34 − 19 = ... c) 41 + 79 = ...

d) 341 − 24 = ... e) 78 + 83 = ... f) 336 − 72 = ...

g) 8 · 15 = ... h) 90 · 13 = ... i) 240 : 60 = ...

j) 3600 : 90 = ... k) 42 000 : 700 = ... l) 7200 : 80 = ...

maximale Punktzahl 12

6 **Ben kauft 20 Briefmarken zu 62 ct das Stück und 10 Briefmarken je 45 ct. Er muss dafür insgesamt .... ct bezahlen.**

maximale Punktzahl 2

Gesamtpunktzahl
.... von 27

Lernplaner

Kontrolliere deine Ergebnisse mithilfe der Lösungen (Seite 115/116) und addiere die erreichten Punkte.

☐ 27 bis 22 Punkte: ☐ 21 bis 14 Punkte: ☐ 13 bis 0 Punkte:

Schriftliche Rechen-verfahren

Das lernst du hier:

- → Wie du zwei oder mehrere Zahlen schriftlich addierst beziehungsweise voneinander subtrahierst und wie du mit dem Stellenübertrag richtig rechnest.
- → Wie du auch zwei mehrstellige Zahlen miteinander multiplizierst und was du dabei beachten musst.
- → Wie du beim schriftlichen Dividieren vorgehst und wo Stolperfallen lauern.
- → Wie man Rechenarten verbindet und die Teilbarkeitsregeln anwendet.

Schriftliches Addieren

REGEL

Wenn zwei Zahlen addiert werden, bezeichnet man das Ergebnis als **Summe**, die einzelnen Zahlen als **Summanden**.

- Um die Summe von Zahlen zu berechnen, schreibst du die Einer (E), Zehner (Z), Hunderter (H) usw. richtig untereinander und addierst dann stellenweise. Beim Rechnen beginnst du immer mit den Einern.
- Wenn das Ergebnis in einer Spalte größer als 9 ist, musst du einen **Stellenübertrag** durchführen (siehe Beispiel).

Beispiel: Berechne 4428 + 975.

	4	4	2	8
+		9	7	5
			1	
				3

5 + 8 = 13
Schreibe **3**,
übertrage 1.

	4	4	2	8
+		9	7	5
		1	1	
			0	3

1 + 7 + 2 = 10
Schreibe **0**,
übertrage 1.

	4	4	2	8
+		9	7	5
	1	1	1	
		4	0	3

1 + 9 + 4 = 14
Schreibe **4**,
übertrage 1.

	4	4	2	8
+		9	7	5
	1	1	1	
	5	4	0	3

1 + 4 = 5
Schreibe **5**.

1 Addiere schriftlich.

a)		b)		c)	
	2346		4537		9895
+	429	+	854	+	306

2 Schreibe sauber untereinander und addiere dann.

a) 5245 + 699 b) 407 + 7393 c) 4568 + 2470

d) 6476 + 586 e) 853 + 1267 f) 8633 + 389

3 Familie Leiz fährt mit dem Auto in den Urlaub. Am ersten Tag fahren sie 456 km, um dann zu übernachten. Am zweiten Tag legen sie bis zu ihrem Ziel noch einmal 589 km zurück. Wie viele Kilometer sind sie insgesamt gefahren?

\+

Antwort: ....

4 **Bei einem Straßenfest für wohltätige Zwecke wurden am Samstag 3473 € eingenommen. Am Sonntag betrugen die Einnahmen noch einmal 2328 €. Wie viel Geld wurde insgesamt an den beiden Tagen eingenommen?**

+				

Antwort: ……………………………………………………

REGEL

Die Summe von **drei oder mehreren Zahlen** solltest du immer schriftlich berechnen. Achte darauf, dass du die Ziffern des gleichen Stellenwerts immer ordentlich untereinanderschreibst.

Beispiel: 228 + 456 + 289

	2	2	8
	4	5	6
+	2	8	9
		2	
			3

Rechne:
9 … 15 … **23**
Schreibe: **3**
Übertrage: **2**

	2	2	8
	4	5	6
+	2	8	9
	1	2	
		7	3

Rechne:
10 … 15 … **17**
Schreibe: **7**
Übertrage: **1**

	2	2	8
	4	5	6
+	2	8	9
	1	2	
	9	7	3

Rechne:
3 … 7 … **9**
Schreibe: **9**

TIPP

Prüfe deine Rechnung, indem du jeweils die Ziffern eines Stellenwerts in umgekehrter Reihenfolge addierst, z. B. statt 9 + 6 + 8 eben 8 + 6 + 9.

5 **Addiere schriftlich.**

a)

		4	3	7
		3	8	9
+		1	0	4

b)

		8	6	5
		6	1	9
+	4	5	4	1

c)

	5	7	6	8	4
		2	9	8	5
+		2	4	1	2

d)

	6	4	7	3
	2	3	7	5
+		8	6	9

e)

	7	6	4	8
	4	5	2	7
+	3	3	2	9

f)

		8	4	7
	6	2	4	3
+	6	5	5	2

6 Schreibe die Zahlen richtig untereinander und addiere.
Kontrolliere das Ergebnis.

a) 15 825 + 3428 + 5387 b) 32 678 + 51 388 + 5875

7 Frau Tauberts Sommerurlaub ist beendet.
Für die Unterkunft im Hotel musste sie 874 €
bezahlen. Die Fahrtkosten betrugen 256 €.
Alle anderen Ausgaben betrugen zusammen
630 €.
Wie viel Geld hat sie insgesamt in ihrem Urlaub ausgegeben?

+

Antwort: ....

8 Die Vorstellungen der Musikgruppe „Hohes C“
wurden am ersten Abend von 897 Fans besucht,
am zweiten Abend waren es 723 Zuschauer, am
dritten Abend 984 und am vierten Abend 653 Zuschauer.
Wie viele Zuschauer haben insgesamt die Vorstellungen besucht?

+

Antwort: ....

9 Löse das Kreuzzahlrätsel. Bestimme dazu die unten angegebenen Summen und trage sie in die entsprechenden Felder ein. In jedem Feld steht eine Ziffer. Benutze zum Rechnen ein eigenes Blatt.

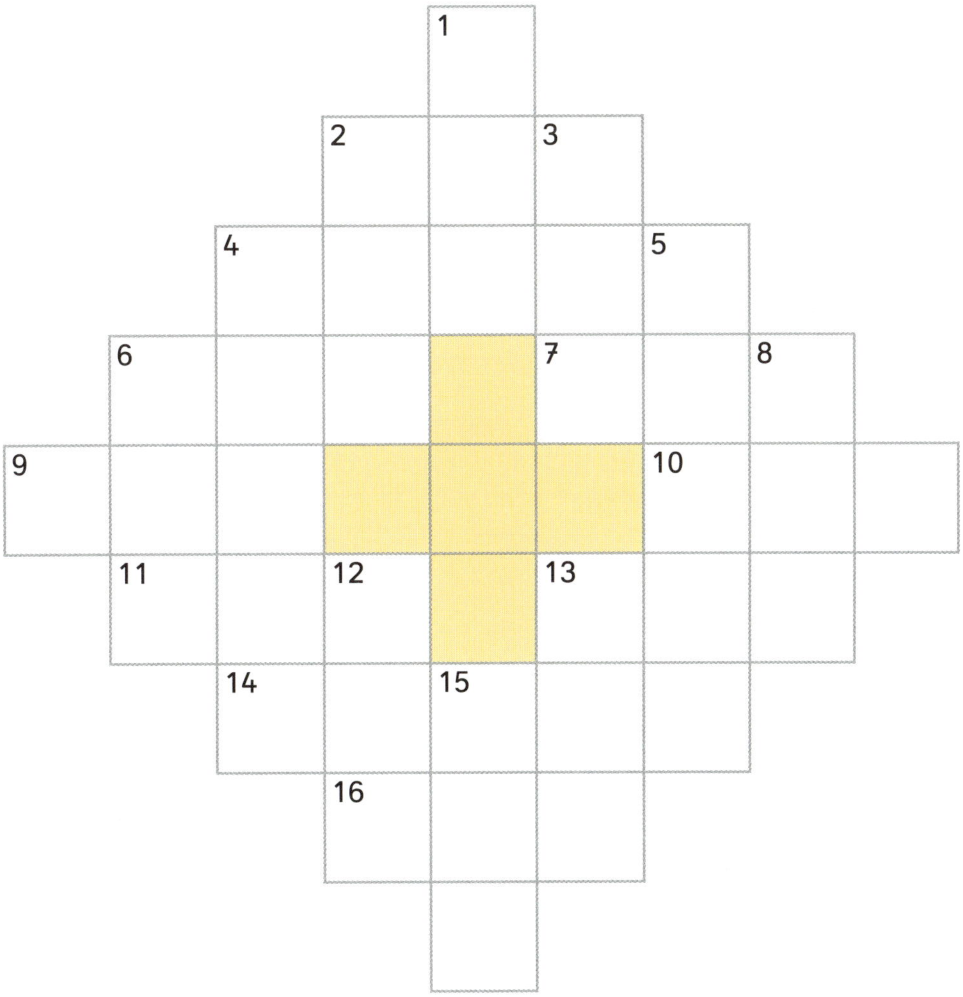

waagrecht

2 62 + 176
4 14 589 + 13 283
6 248 + 482
7 28 + 269
9 384 + 467
10 487 + 436
11 87 + 277
13 386 + 555
14 26 897 + 36 860
16 386 + 216

senkrecht

1 79 + 159
2 94 + 176
3 577 + 295
4 13 584 + 9582
5 14 583 + 15 364
6 368 + 385
8 463 + 258
12 358 + 78
13 668 + 284
15 456 + 249

Schriftliches Subtrahieren

REGEL

Wenn eine Zahl von einer anderen subtrahiert (abgezogen) wird, nennt man das Ergebnis die **Differenz** der beiden Zahlen.
Die linke Zahl (die, von der etwas subtrahiert wird) ist der **Minuend**, die rechte Zahl ist der **Subtrahend**.

- **Subtraktion ohne Übertrag:** Um die Differenz zweier Zahlen zu berechnen, schreibst du die Einer (E), Zehner (Z), Hunderter (H) usw. richtig untereinander und subtrahierst von oben nach unten. Beim Rechnen beginnst du immer mit den Einern.
- **Subtraktion mit Übertrag:** Wenn die obere Ziffer eines Stellenwerts kleiner ist als die untere Ziffer, musst du wie im Beispiel b beim nächsten Stellenwert den Übertrag „1" anfügen.

Beispiele:

a) Berechne 3675 − 421.

	3	6	7	5
−		4	2	1
				4

5 − 1 = 4
Schreibe **4**.

	3	6	7	5
−		4	2	1
			5	4

7 − 2 = 5
Schreibe **5**.

	3	6	7	5
−		4	2	1
		2	5	4

6 − 4 = 2
Schreibe **2**.

	3	6	7	5
−		4	2	1
	3	2	5	4

3 − 0 = 3
Schreibe **3**.

b) Berechne 413 − 126.

	4	1	3^{+10}
−	1	2	6
		1	
			7

Setze einen Übertrag und rechne 13 − 6 = 7.
Schreibe **7**.

	4	1^{+10}	3^{+10}
−	1	2	6
	1	1	
		8	7

Setze einen Übertrag und rechne 11 − 2 − 1 = 8.
Schreibe **8**.

	4	1^{+10}	3^{+10}
−	1	2	6
	1	1	
	2	8	7

Rechne 4 − 2 und schreibe **2**.

REGEL

Beachte: Eine Null ganz links im Ergebnis wird weggelassen, z. B. schreibt man bei der Rechnung 487 – 452 nicht 035, sondern 35.

10 Subtrahiere schriftlich.

a)

		8	9	4
	–	6	4	1

b)

	2	5	4	7
–		4	2	3

c)

	5	4	9	5
–	5	2	0	4

11 Schreibe sauber untereinander und subtrahiere dann.

a) 5684 – 353 b) 6467 – 6123 c) 4693 – 2470

d) 350 – 132 e) 963 – 386 f) 703 – 346

12 Die Max-und-Moritz-Grundschule hat insgesamt 674 Schülerinnen und Schüler.
Davon sind 342 Mädchen.
Wie viele Jungen sind an der Grundschule?

–

Antwort: ……………………………………………………………

13 Bei einem Schulfest wurden 1876 € eingenommen.
Bei dem Schulfest im letzten Jahr betrugen die Einnahmen nur 1687 €.
Berechne die Differenz der Einnahmen.

–

Antwort: ……………………………………………………………

REGEL

- Soll mehr als eine Zahl subtrahiert werden, kannst du schrittweise subtrahieren (siehe Beispiel a).
- Du kannst aber auch zuerst die Zahlen, die subtrahiert werden sollen, addieren. Danach subtrahierst du das Ergebnis dieser Addition von der Zahl ganz links (siehe Beispiel b).

Beispiele: a) Berechne 2468 – 536 – 328.

Rechne zunächst: 2468 – 536

Subtrahiere vom Ergebnis (1932) noch 328.

(1)		2	4	6	8	(2)		1	9	3	2
	–		5	3	6		–		3	2	8
		1								1	
										1	1
		1	9	3	2			1	6	0	4

b) Berechne zuerst die Summe 536 + 328.

Subtrahiere dann das Ergebnis (864) von 2468.

(1)			5	3	6	(2)		2	4	6	8
	+		3	2	8		–		8	6	4
				1				1			
			8	6	4			1	6	0	4

14 **Berechne mit einer der beiden oben erwähnten Vorgehensweisen.**

a) 3541 – 652 – 583

b) 9638 – 2453 – 685

c) 12642 – 6321 – 745

d) 34208 – 15632 – 9426

15 Berechne den Rest. Schreibe die Nebenrechnungen ins Heft.

a) Neues Auto

Neupreis: 24 378 €

Verkaufspreis des alten Autos: 3750 €

Auf dem Sparbuch: 14 735 €

Rest: ....

b) Ausgaben

Gehalt: 2140 €

Miete: 320 €

Lebensmittel: 425 €

Kleidung: 235 €

Rest: ....

c) Neue Möbel

Auf dem Sparbuch: 4675 €

1 Schrank: 670 €

1 Tisch: 368 €

4 Stühle: 796 €

Rest: ....

d) Mein neuer Computer

Gespart: 1425 €

Computer: 499 €

Bildschirm: 158 €

Drucker: 99 €

Rest: ....

e) Klassenreise

Klassenkasse: 3250 €

Buskosten: 550 €

Unterkunft und Verpflegung: 1924 €

Ausflüge und Besichtigungen: 286 €

Rest: ....

Schriftliches Multiplizieren

REGEL

Wenn zwei Zahlen miteinander multipliziert werden, bezeichnet man das Ergebnis als **Produkt**, die Zahlen als **Faktoren**.

– **Multiplikation mit einer einstelligen Zahl ohne Übertragsrechnung:**
  Das Produkt aus einer mehrstelligen und einer einstelligen Zahl berechnest du, indem du zunächst die Einer, dann die Zehner, Hunderter, Tausender, … der mehrstelligen Zahl mit der einstelligen Zahl multiplizierst (siehe Beispiel a).
  Beachte dabei, dass du jede Ziffer sauber in ein Kästchen schreibst. Beginne mit der Einerziffer genau unter der rechten Zahl des Produkts (im Beispiel a unter der „3“).
– **Multiplikation mit einer einstelligen Zahl mit Übertragsrechnung:**
  Bei vielen Multiplikationsaufgaben musst du einen oder mehrere Überträge durchführen, wenn das Produkt für eine Stelle größer als 9 ist. Den Übertrag musst du dann zu dem Produkt der nächsten Stelle hinzuzählen (siehe Beispiel b).
– Beachte außerdem: Jede **Multiplikation mit 0** ergibt immer 0, und jede **Multiplikation mit 1** ergibt immer **die Zahl selbst**!

Beispiel: a) Berechne 2301 · 3.

2	3	0	1	·	3
					3

1 · 3 = **3**
Schreibe **3**.

2	3	0	1	·	3
				0	3

0 · 3 = 0
Schreibe **0**.

2	3	0	1	·	3
			9	0	3

3 · 3 = 9
Schreibe **9**.

2	3	0	1	·	3
		6	9	0	3

2 · 3 = 6
Schreibe **6**.

b) Berechne 237 · 4.

	2	3	7	·	4
					8

7 · 4 = 28
Schreibe **8**,
merke 2.

2	3	7	·	4
	2			
			4	8

3 · 4 = 12
Addiere 2,
ergibt 14,
schreibe **4**,
merke 1.

2	3	7	·	4
1				
		9	4	8

2 · 4 = 8
Addiere 1,
ergibt 9,
schreibe **9**.

TIPP

So vermeidest du Rechenfehler:
Notiere dir die Überträge unter den Ziffern der linken Zahl.

16 Multipliziere.

a) 3263 · 5 b) 1072 · 9 c) 3890 · 4

d) 218 · 4 e) 832 · 7 f) 1403 · 6

g) 1425 · 8 h) 2602 · 9 i) 3026 · 7

REGEL

Das Produkt aus einer Zahl und einer Zehner-, Hunderter- und Tausenderzahl kannst du leichter berechnen, wenn du in zwei Schritten rechnest.

1. Schritt: Zunächst beachtest du die Nullen der Zehner-, Hunderter- und Tausenderzahl überhaupt nicht.
2. Schritt: Anschließend fügst du die Nullen der Zehner-, Hunderter- und Tausenderzahl einfach diesem Ergebnis an.

Beispiel: 326 · 40

1. Schritt: Rechne 326 · 4. Du erhältst 1304.
2. Schritt: Füge die eine Null von „40" wieder an: Du erhältst 13040.

3	2	6	·	4	0
	1	3	0	4	0

17 Berechne das Produkt. Vergiss nicht, die Nullen anzuhängen.

a) 806 · 90 b) 1436 · 500

c) 26340 · 80 d) 3450 · 700

18 **Berechne das ...**

a) Sechzigfache von 475.
b) Dreißigfache von 3526.
c) Fünfhundertfache von 23526.

TIPP

Wenn ein Zahlwort mit dem Wörtchen „-fache“ verbunden ist, wie beispielsweise in „das Siebenfache, das Fünfzehnfache“, ist immer die Multiplikation mit der entsprechenden Zahl gemeint. Also „mal 7“ bzw. „mal 15“.

19 **Julia hat im Park einen Rundkurs abgemessen. Der Rundkurs hat eine Länge von 2278 m. In jeder Woche läuft sie diesen Kurs dreimal. Wie viele Meter läuft sie in einer Woche?**

Antwort: ....

REGEL

Das **Produkt zweier mehrstelliger Zahlen** wie 324 · 28 berechnest du folgendermaßen: 28 ist 20 + 8, also berechnest du zuerst das Zwanzigfache von 324. Dann berechnest du das Achtfache von 324. Beachte, dass du die Ziffern der einzelnen Produkte richtig anordnest: Die „8“ von 648 (= 324 · 2) muss genau unter der „2“ von 28 stehen. Entsprechend die „2“ von 2592 (= 324 · 8) genau unter der „8“ von 28. Addiere anschließend beide Teilergebnisse. Du erhältst 9072.

324 —·20→
324 —·8→

3	2	4	·	2	8
		6	4	8	0
+		2	5	9	2
		1	1		
		9	0	7	2

Summe der Teilergebnisse = Endergebnis

Beispiel: Berechne 456 · 317.
Du berechnest zuerst das Dreihundertfache von 456, dann das Zehnfache von 456 und anschließend das Siebenfache von 456. Addiere anschließend die drei Teilergebnisse. Beachte, dass die Teilprodukte richtig an den Ziffern von „317“ ausgerichtet sind.

456 —·300→
456 —·10→
456 —·7→

4	5	6	·	3	1	7
	1	3	6	8	0	0
+			4	5	6	0
+			3	1	9	2
		1	1	1		
	1	4	4	5	5	2

20 Berechne das Produkt.

a) 57 · 26 b) 48 · 37 c) 52 · 67
d) 428 · 273 e) 634 · 86 f) 528 · 37

REGEL

Du kannst die Schreibweise noch weiter verkürzen, wenn du die Nullen für die Zehner, Hunderter, Tausender, … am Ende jeder Zeile einfach weglässt. Sie werden bei der Addition nicht berücksichtigt. Achte aber auch hier darauf, dass du die Ziffern der Ergebnisse so wie im Beispiel richtig an den Ziffern der rechten Zahl (hier 237) ausrichtest.

	4	2	6	·	2	3	7
das 200-fache			8	5	2	0	0
das 30-fache			1	2	7	8	0
das 7-fache				2	9	8	2
		1	1	1			
		1	0	0	9	6	2

oder ohne Nullen

4	2	6	·	2	3	7
		8	5	2		
		1	2	7	8	
			2	9	8	2
	1	1	1	1		
	1	0	0	9	6	2

21 Berechne das …

a) Vierunddreißigfache von 549.

b) Produkt aus den Zahlen 493 und 367.

REGEL

Bei vielen Produkten enthält die rechte Zahl eine Null. Da die Multiplikation mit Null wieder Null ergibt, kannst du die Zeile mit den Nullen auch weglassen (Beispiel a). Ist bei der rechten Zahl die letzte Ziffer eine Null, darfst du diese im Ergebnis aber nicht vergessen (Beispiel b)!

Beispiele: a) Berechne 528 · 406. b) Berechne 356 · 230.

3	5	6	·	2	3	**0**
		7	1	2		
		1	0	6	8	
				0	**0**	**0**
		8	1	8	8	0

5	2	8	·	4	0	6
	2	1	1	2		
+			3	1	6	8
	2	1	4	3	6	8

5	2	8	·	4	**0**	6
	2	1	1	2		
+			**0**	**0**	**0**	
+			3	1	6	8
	2	1	4	3	6	8

3	5	6	·	2	3	0
		7	1	2		
		1	0	6	8	
		8	1	8	8	0

22 Berechne. Lasse die überflüssige Zeile mit den Nullen weg.

a) 537 · 470 b) 482 · 306

23 Die Buchstaben auf den Kärtchen mit den Lösungen ergeben das Lösungswort. Vorsicht: Es sind falsche Ergebnisse dabei.

a	b	c	d	e	f

a)

5	3	9	·	4	6	8

b)

3	4	1	2	·	1	3	2

c)

2	6	0	8	·	4	5	0

d)

1	4	0	6	·	2	0	5

e)

6	2	1	·	5	9

f)

3	4	5	·	6	7	8

- L 450 384
- E 233 910
- A 1 173 600
- S 36 639
- S 288 230
- F 254 252
- U 45 384
- T 28 823
- K 252 252

Schriftliches Dividieren

REGEL

Division durch einstellige Zahlen: Wenn man eine Zahl durch eine andere teilt, nennt man das Ergebnis einen **Quotienten**.
Zur Berechnung eines Quotienten dividierst du die Ziffern der linken Zahl (**Dividend**) schrittweise von links nach rechts durch die rechte Zahl (Teiler, **Divisor**).
Oft bleiben dabei Reste übrig, die mit der nächsten Ziffer des Dividenden eine neue Zahl bilden, die du dann wieder teilen musst.
Das Beispiel veranschaulicht dir diese Vorgehensweise.

Beispiel: Berechne 5672 : 4.

Schriftliche Rechnung:

	5	6	7	2	:	4	=	1	4	1	8
−	4	↓									
	1	6									
−	1	6	↓								
		0	7								
		−	4	↓							
			3	2							
		−	3	2							
				0							

Rechenweg im Kopf:
5 : 4 = 1, Rest 1. Zusammen mit der nächsten Ziffer „6" erhältst du 16, die du wieder durch 4 teilen musst. 16 : 4 = 4, Rest 0. Mit der nächsten Ziffer „7" erhältst du 7. Dann teilst du wieder: 7 : 4 = 1, Rest 3. Mit der Ziffer „2" erhältst du nun 32. Und schließlich ist 32 : 4 = 8, Rest 0.
Das Ergebnis ist also: 5672 : 4 = 1418

TIPP

Beachte: Wenn du die Zahl „0" durch eine Zahl teilen musst, musst du im Ergebnis die Ziffer „0" setzen. Denn Null geteilt durch eine Zahl (ungleich 0) ergibt immer Null. Zum Beispiel in 8016 : 8 = 1002.

24 Berechne den Quotienten.

a) 8 0 6 5 : 5 = 1611

b) 8 6 1 7 : 7 = 1231

c) 9 7 0 4 : 8 =

d) 9 5 0 6 7 : 9 =

REGEL

Oft kannst du die Zahl des größten Stellenwerts (Ziffer ganz links) nicht durch den Divisor dividieren. In diesem Fall musst du die **beiden** linken Ziffern auf einmal betrachten und durch den Divisor dividieren (Beispiel).

Beispiel: Berechne 3752 : 4.

Schriftliche Rechnung:

	3	7	5	2	:	4	=	9	3	8
−	3	6	↓							
		1	5							
	−	1	2	↓						
			3	2						
		−	3	2						
				0						

Rechenweg im Kopf:

3 : 4 geht nicht. Also muss man mit den beiden linken Ziffern rechnen: 37 : 4 = 9, Rest 1. Zusammen mit der nächsten Ziffer „5“ erhältst du die Zahl 15. Es ist 15 : 4 = 3, Rest 3. Mit der nächsten Ziffer „2“ erhältst du 32. Und schließlich ist 32 : 4 = 8, Rest 0.

25 **Berechne den Quotienten.**

a) 4 2 1 3 6 : 8 =

b) 2 3 2 5 6 : 9 =

REGEL

Oft ist beim Dividieren die Ziffer eines Stellenwerts kleiner als die Zahl, durch die dividiert werden soll. Dann musst du im Ergebnis die Ziffer „0“ schreiben. So ist beispielsweise $1 : 3 = 0$, Rest 1, weil die „3“ nicht (also 0-mal) in die „1“ passt.

Beispiel: Berechne $6120 : 3$.

Schriftliche Rechnung:

	6	1	2	0	:	3	=	**2**	**0**	**4**	**0**
–	**6**										
	0	1									
–		**0**									
		1	2								
	–	**1**	**2**								
			0	0							
		–		**0**							
				0							

Rechenweg im Kopf:

$6 : 3 = 2$, Rest 0

$1 : 3 = 0$, Rest 1

$12 : 3 = 4$, Rest 0

$0 : 3 = 0$, Rest 0

26 **Berechne den Quotienten. Achte auf die Nullen im Ergebnis.**

a) 7 8 3 0 : 6 =

b) 5 2 4 5 : 5 =

TIPP

Bei der schriftlichen Division kannst du die Probe ganz leicht mit der passenden Multiplikationsaufgabe durchführen.
Dazu berechnest du das Produkt aus deinem Ergebnis und dem Divisor.
Wenn du richtig gerechnet hast, ergibt dieses Produkt den Dividenden (= linke Zahl).

REGEL

Viele Divisionsaufgaben „gehen nicht auf“, das heißt, es bleibt ein **Rest** übrig. In der Beispielaufgabe siehst du, wie man den Rest aufschreibt und wie man die Probe durchführt.

Beispiel: Berechne 3762 : 5.

Divisionsaufgabe:

	3	7	6	2	:	5	=	**7**	**5**	**2**	Rest 2									
−	3	5																		
		2	6									Probe:								
	−	2	5									7	5	2	·	5				
			1	2									3	7	6	0				
		−	1	0								+	Rest			2				
				2									3	7	6	2				

27 **Berechne den Quotienten und führe anschließend eine Probe durch. Beachte die Reste.**

a) 8 0 8 5 : 6 = Rest:

Probe:

· 6

\+

b) 4 3 0 4 5 : 9 = Rest:

Probe:

· 9

\+

REGEL

Durch zweistellige Zahlen kannst du genauso wie durch einstellige Zahlen schriftlich dividieren. Oft ist es eine Hilfe, wenn du dir dazu die entsprechende Reihe aufschreibst.

Beispiel: Berechne 33110 : 14.

```
  3 3 1 1 0 : 1 4 = 2 3 6 5
- 2 8
    5 1
  - 4 2
      9 1             Probe
    - 8 4             2 3 6 5 · 1 4
        7 0               2 3 6 5
      - 7 0           +   9 4 6 0
          0             3 3 1 1 0
```

Die 14er-Reihe lautet:

1 · 14 = 14	6 · 14 = 84
2 · 14 = 28	7 · 14 = 98
3 · 14 = 42	8 · 14 = 112
4 · 14 = 56	9 · 14 = 126
5 · 14 = 70	10 · 14 = 140

1 · 16 = 16
2 · 16 = 32
3 · 16 48
4 · 16 = 64
5 · 16 = 80
6 · 16 = 96

28 **Berechne. Schreibe zuerst die entsprechende Reihe des Teilers auf und führe dann die Probe durch.**

a)
```
  4 1 6 6 4 : 1 2 = 3 4 7 2        1 · 1 2 = 1 2
  3 6                              2 ·
    5 6
  - 4 8                 Probe:
      8 6               3 4 7 2 · 1 2
      8 4                   3 4 7 2
        2 4                 1 6 9 4 4
      - 2 4                 4 1 6 6 4
          0
```

b)
```
  5 5 3 9 2 : 1 6 = 3 4 6 2        1 · 1 6 = 1 6
- 4 8                              2 ·
    7 3
  - 6 4                 Probe:
      9 9               3 4 6 2 · 1 6
    - 9 6                   3 4 6 2
        3 2                 2 0 7 7 2
      - 3 2                 5 5 3 9 2
          0
```

Verbindung der Rechenarten

REGEL

Kommen in einem Rechenausdruck sowohl „Punktrechnungen“ (Multiplikation und Division) als auch „Strichrechnungen“ (Addition und Subtraktion) vor, muss man die **Reihenfolge der Rechenschritte** einhalten:

- **Klammerregel:** Rechnungen in Klammern müssen zuerst ausgeführt werden. Mehrere Klammern werden von innen nach außen aufgelöst.
- **Punkt-vor-Strich-Regel:** Punktrechnungen müssen vor Strichrechnungen ausgeführt werden.

Beispiele: a) $5 + 7 \cdot 8 - 2 = 5 + 56 - 2 = 61 - 2 = 59$

b) $85 - (12 + 8) \cdot 4 = 85 - 20 \cdot 4 = 85 - 80 = 5$

29 **Berechne. Schreibe die Nebenrechnungen, wenn nötig, ins Heft.**

a) $(14 + 8) - (12 + 7) =$ ....

b) $8 \cdot 9 - 7 \cdot 7 =$ ....

c) $23 - 5 \cdot 3 - 2 \cdot 3 + 1 =$ ....

d) $(23 - 5) \cdot 3 - 2 \cdot (3 + 1) =$ ....

e) $(4 + 5 \cdot 5) - 7 \cdot (15 - 12) =$ ....

f) $((32 - 8) : 4) + 12 : 3 + 1 =$ ....

REGEL

Längere Rechenausdrücke mit Plus- und Minuszeichen können mithilfe von **Klammern** sehr leicht berechnet werden: Man addiert zunächst alle Zahlen, vor denen ein Plus steht, in einer ersten Klammer und ebenso alle Zahlen, vor denen ein Minus steht, in einer weiteren Klammer. Dann subtrahiert man das Ergebnis der „Minuszahlen“ von dem Ergebnis der „Pluszahlen“. **Beachte:** Vor der ersten Zahl steht meistens kein Zeichen. Hier muss man sich ein Plus dazudenken.

Beispiel: $+27 + 45 - 19 + 28 - 17 - 39$

$= (27 + 45 + 28) - (19 + 17 + 39)$

$= 100 - 75 = 25$

30 **Berechne im Heft mithilfe von Klammern.**

a) $9 - 12 + 17 + 23 - 6 - 14$

b) $42 - 13 - 23 - 2 - 4$

c) $58 + 27 - 33 + 21 - 53 - 12$

d) $101 - 79 - 27 + 223 - 116 + 9$

Teilbarkeitsregeln

REGEL

Eine natürliche Zahl ist durch eine andere natürliche Zahl teilbar, wenn die Division „aufgeht“, das heißt, wenn kein Rest übrig bleibt. Ob eine Zahl durch 2, 3, 4, 5, 6, 9 oder 10 teilbar ist, kann man mit folgenden Regeln entscheiden, ohne eine Division durchführen zu müssen: Eine Zahl ist

- **durch 2 teilbar**, wenn die letzte Ziffer durch 2 teilbar ist oder eine 0 ist.
- **durch 3 teilbar**, wenn ihre Quersumme durch 3 teilbar ist.
- **durch 4 teilbar**, wenn die aus den beiden letzten Ziffern gebildete Zahl durch 4 teilbar ist.
- **durch 5 teilbar**, wenn die letzte Ziffer eine 0 oder eine 5 ist.
- **durch 6 teilbar**, wenn sie gleichzeitig durch 2 und durch 3 teilbar ist.
- **durch 9 teilbar**, wenn ihre Quersumme durch 9 teilbar ist.
- **durch 10 teilbar**, wenn die letzte Ziffer eine 0 ist.

(Die **Quersumme** einer Zahl ist die Summe aller Ziffern dieser Zahl, bei 123 also $1 + 2 + 3 = 6$.)

Beispiele a) 98 ist **durch 2** teilbar, weil 8 durch 2 teilbar ist.

b) 375 ist **durch 3 und durch 5** teilbar, weil die Summe aller Ziffern $3 + 7 + 5 = 15$ durch 3 teilbar ist und weil die letzte Ziffer eine 5 ist.

c) 228 ist durch **6 teilbar**, weil 228 **durch 2** und **durch 3** teilbar ist: Die letzte Ziffer ist gerade (Teilbarkeit durch 2), und die Quersumme 12 ist durch 3 teilbar (Teilbarkeit durch 3). Außerdem ist 228 **durch 4** teilbar, weil 28 durch 4 teilbar ist.

31 **Kreuze an, durch welche Zahlen der ersten Zeile die Zahlen der linken Spalte teilbar sind, und begründe deine Entscheidung.**

	2	3	4	5	6	9	10
81							
95							
672							
5310							
1340							

Zwischentest

Schriftliche Rechenverfahren

1 **Schreibe richtig untereinander und berechne schriftlich.**

a) 40 927 + 341 + 3409 b) 39 874 – 3056 c) 5628 – 363 – 1079

maximale Punktzahl 6

2 **Ergänze die Zahlenpyramiden.**

a) Schreibe die Summe zweier benachbarter Zahlen in das darüberliegende Feld.

7	9	12	14	17

b) Schreibe die Differenz zweier benachbarter Zahlen in das darunterliegende Feld.

1275	383	157	83	27

maximale Punktzahl 10

3 **Frau Müller verdient 3545 € im Monat.**
Nach einer Beförderung verdient sie 257 € mehr als zuvor. Wie hoch ist ihr neues Monatsgehalt? Wie hoch ist ihr neues Jahresgehalt?

maximale Punktzahl 2

4 **Ergänze die Lücken und (wo nötig) die Überträge.**

a)

		7	3	5	
+		2		6	7
	1		0	2	5

b)

	4		2	1
–	3	6	7	
		6		3

maximale Punktzahl 6

5 **Berechne schriftlich.**

a) 7392 · 83 b) 4371 · 56 c) 825 · 430

maximale Punktzahl 3

6 **Berechne den Quotienten.**

a) 5010 : 6 b) 17 730 : 18

maximale Punktzahl 2

7 **Hier hat sich ein Fehler eingeschlichen. Korrigiere.**

a)	4	9	3	9	2	:	1	6	=	3	8	7
	4	8										
		1	3									
		0	0									
		1	3	9								
		1	2	8								
			1	1	2							
			1	1	2							
					0							

maximale Punktzahl 2

8 a) (67 – 29) · 8 – 5 · (17 + 13) = ...

b) (11 + 8 · 9) – 3 · (38 – 19) = ...

c) ((26 – 8) : 6) + 49 : 7 = ...

maximale Punktzahl 6

9 **Gib an, ohne die Division durchzuführen, durch welche der Zahlen 2, 3, 4, 5, 6, 9 und 10 die Zahl 40 716 teilbar ist.**

maximale Punktzahl 2

Kontrolliere deine Ergebnisse mithilfe der Lösungen (Seite 117/118) und addiere die erreichten Punkte.

☐ 39 bis 31 Punkte: ☺ ☐ 30 bis 20 Punkte: 😐 ☐ 19 bis 0 Punkte: 😕

Lernplaner

Gesamtpunktzahl .... von 39

Größen

Das lernst du hier:

- → Welche Einheiten die Größen Geld, Länge, Masse, Rauminhalt und Zeit jeweils haben.
- → Wie du eine Größe in ihren verschiedenen Einheiten ausdrücken kannst.
- → Was die Kommaschreibweise bei diesen Größen bedeutet und wie du mit diesen Größen rechnen kannst.

Unser Geld

REGEL

Viele europäische Staaten (einschließlich Deutschland) verwenden seit dem 1.1.2002 die Einheitswährung Euro.

1 € = 100 ct
↓ ↓
Euro Cent

Es gibt folgende Münzen:
1 ct, 2 ct, 5 ct, 10 ct, 20 ct, 50 ct, 1 €, 2 €

Es gibt folgende Scheine:
5 €, 10 €, 20 €, 50 €, 100 €, 200 €, 500 €

- Für Geldbeträge gibt es eine **Kommaschreibweise**. Dabei werden Euro und Cent durch ein Komma voneinander getrennt: 6,75 € bedeutet 6 € 75 ct, 12,08 € bedeutet 12 € 8 ct und 0,36 € bedeutet 36 ct.
- Eine Größe besteht immer aus einer **Einheit** (beim Geld ≈ oder ct) und einer **Maßzahl** vor der Einheit. So ist in 15 € die Zahl „15“ die Maßzahl und € die Einheit.

1 **Wie viel Cent bzw. Euro sind es?**

a) 7 € = ... ct b) 18 € = ... ct c) 247 € = ... ct

d) 1600 ct = ... € e) 34 000 ct = ... € f) 600 ct = ... €

2 **Schreibe als Euro und Cent.**

z. B. 3,78 € = 3 € 78 ct a) 15,29 € = ... b) 4,05 € = ...

c) 0,46 € = ... d) 7,00 € = ... e) 0,08 € = ...

REGEL

- Euro-Beträge, die in Kommaschreibweise angegeben sind, kannst du **in Cent umwandeln**, indem du das Komma weglässt:
  2,75 € = 275 ct
  Hat der Euro-Betrag kein Komma, brauchst du bei der Umwandlung in Cent nur zwei Nullen anzufügen: 4 € = 400 ct
- Umgekehrt erhältst du aus einem Cent-Betrag schnell den **entsprechenden Euro-Betrag,** indem du das Komma so setzt, dass im Euro-Betrag rechts vom Komma zwei Ziffern stehen: 275 ct = 2,75 €
  Bei ein- oder zweistelligen Cent-Beträgen musst du links zwei Nullen bzw. eine Null ergänzen, bevor du das Komma setzen kannst:
  7 ct = **0,0**7 € oder 29 ct = **0**,29 €

3 Notiere als Euro in der Kommaschreibweise.

a) 631 ct = ... b) 5974 ct = ... c) 480 ct = ...

d) 405 ct = ... e) 5 ct = ... f) 83 ct = ...

4 Schreibe jeweils in der angegebenen Einheit.

a) 68,04 € = ... ct b) 78 ct = ... €

c) 72 € 8 ct = ... € d) 3 ct = €

REGEL

Geldbeträge können nur dann addiert oder subtrahiert werden, wenn sie die gleiche Einheit haben. Ist dies nicht der Fall, wie bei 3,68 € + 75 ct, musst du sie **vor dem Rechnen in gleiche Einheiten umwandeln.**

Beispiel: Berechne 3,68 € + 75 ct.
Umwandeln in gleiche Einheiten:
368 ct + 75 ct oder 3,68 € + 0,75 €
Rechnen:

	3,	6	8	≈
+	0,	7	5	≈
	1	1		
	4,	4	3	≈

oder

	3	6	8	ct
+		7	5	ct
	1	1		
	4	4	3	ct

TIPP

Beachte, dass bei der Addition bzw. Subtraktion von Euro-Beträgen in der Kommaschreibweise die Kommas sauber untereinanderstehen. Hat ein Euro-Betrag kein Komma, musst du es ergänzen, z. B. 25 € = 25,00 €.

5 **Schreibe im Heft stellengerecht untereinander (Komma unter Komma) und rechne aus. Wandle zuerst in die gleiche Einheit um, falls nötig.**

a) 238,75 € + 56,19 € = ...

b) 152,68 € – 76,81 € = ...

c) 56 € + 6,85 € = ...

d) 31,75 € – 4 € = ...

e) 24,73 € + 851 ct = ...

f) 37,05 € – 64 ct = ...

REGEL

Wenn Geldbeträge in Euro **vervielfacht oder geteilt** werden sollen, musst du die Beträge zuerst in Cent umwandeln. Dann führst du die Rechnung ohne Einheiten durch, und schließlich wandelst du das Cent-Ergebnis wieder in Euro um.
Wenn ein Geldbetrag durch einen anderen geteilt werden soll, brauchst du nur den Quotienten der Maßzahlen berechnen (siehe Beispiel c).
Beide Geldbeträge müssen aber die gleiche Einheit haben (Beispiel d).

Beispiele: a) Berechne 3,47 € · 5.

Umwandeln in Cent: 347 ct · 5

Rechnen ohne Einheiten:

3	4	7	·	5
	1	7	3	5

Umwandeln in Euro:

1735 ct = 17,35 €

b) Berechne 2,85 € : 3.

Umwandeln in Cent: 285 ct : 3

Rechnen ohne Einheiten:

2	8	5	:	3	=	9	5
2	7						
	1	5					
	1	5					
		0					

Umwandeln in Euro:

95 ct = 0,95 €

c) Berechne 240 € : 5 €.

240 € : 5 € = 240 : 5 = 48

d) Berechne 15 € : 30 ct.

Umwandeln von 15 € in Cent:

15 € = 1500 ct

1500 ct : 30 ct = 1500 : 30 = 50

TIPP

Man teilt Geldbeträge durch andere Geldbeträge bei folgenden Aufgabentypen: „Durch den Verkauf von Spielzeugautos wurden 240 € eingenommen. Ein Auto kostete 5 €. Wie viele Autos wurden verkauft?“ (Beispiel c)
Aufgaben, bei denen Geldbeträge miteinander multipliziert werden, gibt es nicht.

6 **Rechne aus.**

a) 7,68 € 6 = ...

b) 13,49 € · 8 = ...

c) 11,75 € : 5 = ...

d) 346,32 € : 9 = ...

e) 5,60 € : 70 ct = ...

f) 1800 ct : 3 € = ...

7 **Wenn du von jeder Münze und jedem Schein unserer Währung ein Exemplar hast, wie viel Geld hast du dann insgesamt?**

Antwort: ....

8 **Silke hatte 8,32 € in ihrem Geldbeutel und für 245 ct beim Bäcker eingekauft. Wie viel Geld bleibt übrig?**

Antwort: Silke hat .... € übrig.

9 **Die Lehrerin sammelt für einen Schulausflug von jedem Kind der Klasse 3,75 € ein. Welcher Betrag kommt bei 24 Kindern zusammen?**

Antwort: Die Lehrerin sammelt .... € ein.

Längen

REGEL

- Zum Messen von Längen wurde international die Einheit „Meter“ (m) eingeführt.
- Weitere Längeneinheiten sind Dezimeter (dm), Zentimeter (cm) und Millimeter (mm). Es sind:

  1 m = 10 dm = 100 cm = 1000 mm

  1 dm = 10 cm = 100 mm

  1 cm = 10 mm

- Auch bei Längeneinheiten gibt es die Kommaschreibweise. Mithilfe einer Stellenwerttafel kannst du Längenangaben leicht von einer Einheit in eine andere Einheit umwandeln. Beachte, dass du dabei leere Felder mit Nullen ergänzen musst, siehe Beispiel b) und d). Stellenwerttafel:

1000 m	100 m	10 m	1 m	1 dm	1 cm	1 mm

TIPP

Wenn du nicht immer eine ganze Stellenwerttafel erstellen willst, kannst du die Längeneinheiten auch über die einzelnen Ziffern schreiben. So erhältst du eine Stellenwerttafel in verkürzter Schreibweise, z. B.: m dm cm mm

↓ ↓ ↓ ↓

3, 5 1 8 m

Beispiele: a) Schreibe 26,03 m in m und cm. Stellenwerttafel:

100 m	10 m	1 m	1 dm	1 cm
	2	6	0	3

Ergebnis: 26,03 m = 26 m 3 cm

b) Schreibe 15 m 7 mm in der Kommaschreibweise als m.

10 m	1 m	1 dm	1 cm	1 mm
1	5	0	0	7

Ergebnis: 15 m 7 mm = 15,007 m

c) Trage die Länge 3,518 m in eine Stellenwerttafel ein und wandle in cm um.

m	dm	cm	mm
3	5	1	8

Ergebnis: 3,518 m = 351,8 cm

d) Schreibe 12 mm als dm.

m	dm	cm	mm
	0	1	2

Ergebnis: 12 mm = 0,12 dm

10 **Schreibe in der angegebenen Einheit.**
Erstelle im Heft eine Stellenwerttafel, falls nötig.

a) 4,85 dm = ………… cm   b) 78 mm = ………… dm

c) 7,3 m = ………… cm   d) 82 cm = ………… m

e) 0,41 m = ………… mm   f) 0,5 m = ………… dm = ………… cm

REGEL

Wenn du eine Längenangabe ohne Kommaschreibweise ausdrücken willst, musst du in die Längeneinheit umwandeln, für die die Ziffer ganz rechts steht.

Beispiel: Schreibe 3,25 m ohne Komma.
In 3,25 m steht die Ziffer „5“ für den Stellenwert cm. Also muss 3,25 m in cm umgewandelt werden, wenn das Komma verschwinden soll:
3,25 m = 325 cm

11 **Schreibe die Längenangabe ohne Komma.**

a) 2,08 dm = …………   b) 12,027 m = …………

c) 8,5 cm = …………   d) 0,45 m = …………

REGEL

Umwandeln von gemischten Längenangaben
Eine Längenangabe mit zwei oder mehreren Einheiten wie „7 m 45 cm“ bedeutet „7 m und 45 cm“. Wenn du eine solche Längenangabe als Länge mit nur einer Einheit schreiben willst, musst du alle darin vorkommenden Längen in die kleinste Einheit umwandeln und dann addieren.

Beispiel: 7 m = 700 cm. Somit ist: 7 m 45 cm = 700 cm + 45 cm = 745 cm

12 **Schreibe zunächst mit einer einzigen Einheit und dann ohne Komma.**

a) 2 m 18 cm = ………… cm + 18 cm = ………… cm

b) 8 m 5 cm = ………… = ………… cm

c) 12 dm 9 cm 4 mm = ………… = ………… mm

d) 15 m 25 mm = ………… = ………… mm

REGEL

Du darfst mit Längen erst dann rechnen, wenn sie **die gleiche Einheit** haben!

- **Addieren und Subtrahieren:** Notiere die Längen in derselben Einheit, schreibe sie stellengerecht (Komma unter Komma) untereinander und rechne aus (siehe Beispiel a).
- **Multiplizieren und Dividieren:** Wandle die Längen zuerst in eine kleinere Einheit um, sodass in der Maßzahl kein Komma mehr steht (siehe Seite 51, obere Regel). Anschließend führst du die Rechnung durch (siehe Beispiel b).

TIPP

Wenn die Längen nicht gleich viele Stellen rechts vom Komma haben, musst du bei der Addition bzw. Subtraktion zusätzliche Nullen ergänzen (im Beispiel a: 7,8 m = 7,80 m).
Hat eine Längenangabe kein Komma, kannst du immer „,0“ anfügen, z. B. 8 m = 8,0 m.
Du kannst das Komma natürlich auch dadurch umgehen, dass du die Längenangabe zuerst in eine entsprechend kleinere Einheit umwandelst.

Beispiele: a) Berechne 38,7 dm + 0,65 m + 78 dm. Gib das Ergebnis in m an.

m	dm	cm	mm
3	8	7	
0	6	5	
7	8	0	

		3,	8	7	m
+		0,	6	5	m
+		7,	8	0	m
		2	1		
	1	2,	3	2	m

Da keine der drei Längen Millimeter enthält, bleibt diese Stelle unberücksichtigt.

b) Berechne 2,18 m · 5.
Es ist: 2,18 m = 218 cm
Rechne:
218 cm · 5 = 1090 cm = 10,90 m

c) Berechne 165,2 cm : 7.
Es ist: 165,2 cm = 1652 mm
Rechne:
1652 mm : 7 = 236 mm = 23,6 cm

13 **Berechne. Führe Nebenrechnungen im Heft durch.**

a) 3,85 m + 76 cm = ... m
b) 5,13 dm + 19 cm = ... dm
c) 6,41 m − 23 dm = ... m
d) 2,38 m − 89 cm = ... m
e) 4,28 m · 6 = ... m
f) 12,35 dm · 8 = ... dm
g) 17,52 m : 4 = ... m
h) 8,304 m : 6 = ... m

REGEL

- Sehr große Längen werden in **Kilometer** (km) gemessen. Es gilt: **1000 m = 1 km**. In der Stellenwerttafel (siehe Seite 50) kann man also statt 1000 m auch 1 km schreiben.
- Wenn du Kilometerangaben **addieren oder subtrahieren** willst, müssen die Kommas sauber untereinander stehen. Dazu musst du manchmal zuerst noch ein Komma setzen und fehlende Nullen ergänzen (siehe Beispiel b). So ist 5 km = 5,00 km = 5,000 km.

Beispiele: a) Trage in eine Stellenwerttafel ein und gib in m an: 5 km; 1,864 km; 0,038 km

	km	100 m	10 m	1 m	in m
5 km	5	0	0	0	5000 m
1,864 km	1	8	6	4	1864 m
0,038 km	0	0	3	8	38 m

b) Berechne 5 km + 7,23 km.
Mit 5 km = 5,00 km folgt:
5 km + 7,23 km
= 5,00 km + 7,23 km
= 12,23 km

14 **Trage in die Stellenwerttafel ein und schreibe in der angegebenen Einheit. Ergänze Nullen, falls nötig.**

	10 km	1 km	100 m	10 m	1 m	in
a) 13,87 km						m
b) 7 km 32 m						m
c) 75 m						km
d) 2650 m						km
e) 120 m						km

REGEL

- Du kannst eine Längenangabe in km auch leicht ohne Stellenwerttafel **in m umwandeln**. Hat die **Längenangabe kein Komma**, brauchst du nur 3 Nullen anzufügen: 7 km = 7000 m.
- Ist die **Längenangabe mit Komma**, fügst du zunächst rechts so viele Nullen an, dass die Zahl 3 Nachkommastellen hat (siehe nächstes Beispiel). Anschließend lässt du einfach das Komma weg.

Beispiel: 5,7 km = 5,7**00** km. Wenn du nun in „5,700 km“ das Komma streichst, erhältst du die Länge in Meter: 5,700 km = 5700 m.

TIPP

Beachte: Nullen, die ganz links stehen, musst du natürlich streichen. So ist 0,815 km = 815 m und nicht **0**815 m!

15 **Schreibe die Kilometerangabe in Meter. Benutze nach Möglichkeit keine Stellenwerttafel.**

a) 34 km = ... m b) 25,75 km = ... m

c) 50,3 km = ... m d) 0,09 km = ... m

16 **Wie viel Meter sind die Kinder mit dem Rad gefahren?**

Björn Hanna Daniel Timm

.... m .... m .... m .... m

Hinweis: In Tacho-Uhren werden links stehende Nullen auch angezeigt.

REGEL

- Du kannst eine Längenangabe in m auch leicht ohne Stellenwerttafel **in km umwandeln**. Du brauchst das Komma nur so zu setzen, dass rechts vom Komma drei Stellen stehen, z. B.: 12654 m = 12**,654** km
- Besteht die Längenangabe nur aus drei oder weniger Ziffern, musst du zuerst links so viele Nullen anfügen, dass genau vier Ziffern dastehen. Anschließend darfst du das Komma setzen. Das Ergebnis ist die Längenangabe in km, z. B.: 85 m als km: Bei 85 m erhältst du die Ziffernfolge **00**85. Es ist also: 85 m = **0,0**85 km.

17 **Schreibe als Kilometer mit Komma.**

a) 2931 m = ... km b) 483 m = ... km

c) 15600 m = ... km d) 7 m = ... km

Masse

TIPP

Umgangssprachlich sagt man für „Masse“ auch „Gewicht“.

REGEL

- Wie viel ein Gegenstand wiegt, wird in Gramm (g) gemessen.
  Für größere Massen verwendet man die Einheit Kilogramm (kg).
  Besonders große Massen werden in Tonnen (t) gemessen.
  Es gilt: **1 t = 1000 kg** und **1 kg = 1000 g**
- Mithilfe einer Stellenwerttafel für Massen kannst du Massenangaben leicht in andere Einheiten umrechnen (siehe Beispiele).

Beispiele: a) Trage die Massenangabe 3 kg 78 g in eine Stellenwerttafel ein und wandle in kg bzw. g um.

1 t	100 kg	10 kg	1 kg	100 g	10 g	1 g
			3	0	7	8

Also: 3 kg 78 g = 3,078 kg = 3078 g

b) Ein Auto wiegt 1,32 t.
Wie viel Kilogramm sind das?

10 t	1 t	100 kg	10 kg	1 kg	100 g
	1	3	2	0	

Also: 1,32 t = 1320 kg

TIPP

Beachte, dass du beim Ausfüllen der Stellenwerttafel freie Felder gegebenenfalls mit „0“ ergänzen musst.

18 Ordne die Massen richtig zu. Es gibt mehrere Möglichkeiten.

19 Trage die Massenangabe in die Stellenwerttafel ein und wandle sie in die angegebene Einheit um. Achte auf die Kommas, falls nötig.

	1 t	100 kg	10 kg	1 kg	100 g	10 g	1 g	
a) 7 kg 250 g								g
b) 5 t 75 kg								kg
c) 45 kg								t
d) 7500 kg								t
e) 6285 g								kg
f) 250 kg 25 g								kg

REGEL

Mit folgenden Regeln kannst du eine Massenangabe auch ohne Stellenwerttafel leicht **in der nächstkleineren Einheit** ausdrücken:

- Wenn die Massenangabe **kein Komma** hat, brauchst du nur 3 Nullen anzufügen, z. B.: 5 kg = **5000** g
- Hat die Massenangabe ein **Komma**, musst du bei der Umrechnung in die nächstkleinere Einheit darauf achten, dass rechts vom Komma genau 3 Ziffern stehen. Fehlende Ziffern kannst du mit Nullen ergänzen. Anschließend lässt du das Komma einfach weg.
  Z. B.: 12,75 t = 12,75**0** t = 12 750 kg
- **Gemischte Massenangaben** kannst du leicht mit einer einzigen Einheit angeben, wenn du die größere Massenangabe mit der kleineren Einheit beschreibst und dann beide Zahlen addierst.
  Z. B.: 2 kg 50 g = 2000 g + 50 g = 2050 g

20 Schreibe in der nächstkleineren Einheit.

a) 17 t = ...

b) 12,439 kg = ...

c) 7,8 kg = ...

d) 4,05 kg = ...

e) 5,5 t = ...

f) 30,09 kg = ...

21 Schreibe mit nur einer Einheit und ohne Komma.

a) 2 kg 150 g = ...
b) 7 t 90 kg = ...
c) 25 kg 8 g = ...
d) 11 kg 50 g = ...

REGEL

Mit folgenden Regeln kannst du eine Massenangabe auch ohne Stellenwerttafel leicht **in der nächstgrößeren Einheit** ausdrücken:

- Wenn die Massenangabe mindestens drei Nullen hat, brauchst du nur 3 Nullen zu streichen, z. B.: 20 **000** g = 20 kg
- Wenn die Massenangabe aus mindestens vier Ziffern besteht, brauchst du das Komma nur so zu setzen, dass rechts davon drei Stellen stehen, z. B.: 7525 kg = 7,**525** t
- Wenn die Massenangabe aus weniger als vier Ziffern besteht, musst du links so viele Nullen anfügen, bis vier Ziffern dastehen. Anschließend setzt du das Komma vor die dritte Stelle von rechts. Z. B. schreibst du bei 75 g die Ziffern **00**75. Also sind 75 g = 0,075 kg

22 Schreibe in der nächstgrößeren Einheit.

a) 32 000 g = ...
b) 2760 kg = ...
c) 123 907 g = ...
d) 307 kg = ...
e) 50 g = ...
f) 9 g = ...

REGEL

Mehrere Massenangaben darf man nur dann addieren beziehungsweise subtrahieren, wenn sie **die gleiche Einheit** haben.
Für die Multiplikation und Division von Massen gilt: Wandle die Massen zuerst in eine kleinere Einheit um, sodass in der Maßzahl kein Komma mehr steht und führe erst dann die Rechnung durch.
Z. B.: 2,5 kg · 3 = 2500 g · 3 = 7500 g = 7,5 kg

23 Berechne.

a) 4,368 t + 1442 kg = ...
b) 10,84 kg – 7266 g = ...
c) 3,76 kg + 1528 g = ...
d) 0,846 t – 78 kg = ...

24 a) Was bedeutet das runde Verkehrsschild mit dem roten Rand auf dem Bild?

b) Ein Lastkraftwagen wiegt unbeladen 4600 kg. Er hat Waren geladen, die zusammen 2,8 t wiegen. Darf er über die Brücke fahren?

25 **Verteile die sieben Kisten so auf die beiden Lkw, dass sie die Kisten gleichzeitig transportieren können. Auf jedem Lkw steht, wie viel er laden darf. Welche Kisten befinden sich dann im Lkw L1 und welche im Lkw L2?**

Tipps: Wandle zuerst alle Massenangaben in kg um. Beachte, dass in L1 genau zwei Kisten und in L2 die restlichen 5 Kisten sein sollen.

L1 (1,2 t = ... kg): ....

L2 (2 t = ... kg): ....

26 **Berechne.**

a) 3,15 t · 4 = ...

b) 538 kg · 12 = ...

c) 19,624 kg : 8 = ...

d) 74,43 t : 6 = ...

27 **Ein Plastikbecher Kaffeesahne wiegt 132 g. In einem Karton sind 60 Plastikbecher verpackt. Der leere Karton wiegt 230 g. Wie viel Kilogramm wiegt der volle Karton?**

Antwort: ....

Rauminhalte: Liter und Milliliter

REGEL

- Der Rauminhalt oder das Fassungsvermögen von Behältern wird in Liter (l) gemessen. Viele Flaschen oder Verpackungen (z. B. bei Milch) fassen genau einen Liter. 1 l passt exakt in einen Würfel, der 10 cm lang, breit und hoch ist.
- Bei sehr kleinen Behältern (z. B. Spritzen) misst man mit Milliliter (ml). Das ist der Rauminhalt von einem Würfel mit 1 cm Kantenlänge.
- Es gilt: **1 l = 1000 ml**
- Außerdem gibt es noch die Einheiten Hektoliter (hl), Deziliter (dl) und Zentiliter (cl). Es gilt: 1 hl = 100 l; 1 l = 10 dl, und 1 l = 100 cl
- Man kann l und ml mit folgender Stellenwerttafel ineinander umwandeln:

100 l (= 1 hl)	10 l	1 l	100 ml (= 1 dl)	10 ml (= 1 cl)	1 ml

- Du kannst l- und ml-Angaben auch ohne eine Stellenwerttafel in die andere Einheit umrechnen. Gehe dabei so vor wie bei der Umrechnung von km in m (siehe Regel auf Seite 53 unten) und bei der Umrechnung von m in km (siehe Regel auf Seite 54).

Beispiele: a) Trage in die Stellenwerttafel ein und gib in ml bzw. l an. Ergänze Nullen, falls nötig.

	10 l	1 l	100 ml	10 ml	1 ml	
2,5 l		2	5	**0**	**0**	2500 ml
3725 ml		3	7	2	5	3,725 l
350 ml		**0**	3	5	0	0,350 l

b) Wandle ohne Stellenwerttafel in ml bzw. l um.

7,25 l = 7,25**0** l = 7250 ml

1580 ml = 1,580 l

250 ml = **0**,250 l

28 **Wie viel Milliliter sind es?**

a) 5 l = ... ml b) 12,856 l = ... ml

c) 0,5 l = ... ml d) 0,75 l = ... ml

e) 5 l 20 ml = ... ml f) 2 l 8 ml = ... ml

g) 3,5 dl = ... ml h) 70 cl = ... ml

29 **Wie viel Liter sind es? Benutze eine Stellenwerttafel, falls nötig und notiere in der Kommaschreibweise, falls erforderlich.**

a) 3560 ml = ... l b) 8 l 420 ml = ... l

c) 4800 ml = ... l d) 600 ml = ... l

e) 125 ml = ... l f) 80 ml = ... l

g) 4 dl = ... l h) 7,2 hl = ... l

30 **Rafael trinkt an einem warmem Sommertag Tag 5 Tassen Eistee zu je 250 ml und eine halbe Flasche Mineralwasser mit 1,5 Liter Inhalt. Wie viel Flüssigkeit hat er insgesamt getrunken?**

....

....

31 **Ordne nach dem Fassungsvermögen, beginne mit dem größten.**

TIPP

Du kannst die Angabe $\frac{1}{2}$ l leicht in Milliliter umwandeln, indem du 1000 ml durch 2 teilst. Entsprechend gehst du bei $\frac{1}{4}$ l vor.

....

....

Zeit

REGEL

Die Erde dreht sich ständig um sich selbst, gleichzeitig umkreist sie die Sonne.

- Die Zeit, in der sich die Erde einmal um sich selbst dreht, heißt **Tag**.
- Die Zeit, in der sich die Erde einmal um die Sonne dreht, heißt **Sonnenjahr** und dauert rund 365 Tage und 6 Stunden.
- Das **Kalenderjahr** dauert normalerweise 365 Tage.
- Jedes vierte Jahr ist ein **Schaltjahr** mit 366 Tagen, der zusätzliche Tag ist der 29. Februar. Ein Schaltjahr erkennst du auch daran, dass die Jahreszahl ohne Rest durch 4 teilbar ist. (siehe Kapitel Teilbarkeitsregeln auf Seite 43)
- Das Kalenderjahr ist in 12 Monate unterteilt: **1 Jahr = 12 Monate**
- Ein Monat dauert zwischen 28 und 31 Tagen.
- Eine **Woche** umfasst 7 Tage.

32 **Setze die Monatsnamen in der richtigen Reihenfolge ein.**

Januar, ……………, ……………, ……………, Mai,

……………, Juli, ……………, ……………, Oktober,

……………, ……………

33 **Mit den Handknöcheln kann man schnell herausfinden, ob ein Monat 30 oder 31 Tage hat: „Berg“ bedeutet 31 Tage, „Tal“ bedeutet 30 Tage. Eine Ausnahme ist der Februar mit 28 oder 29 Tagen in einem Schaltjahr.**

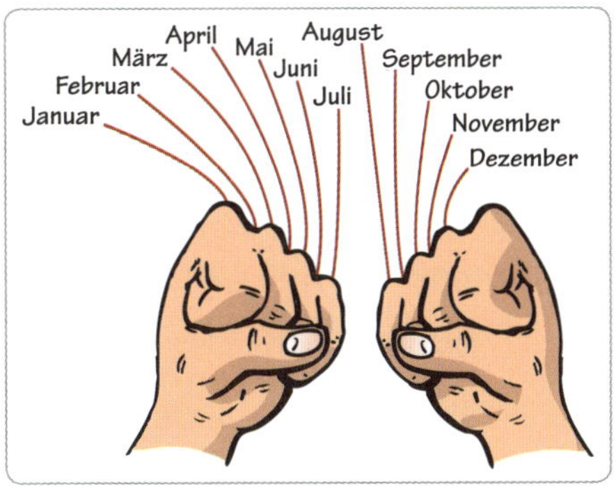

Monate mit 31 Tagen: ……………………………………

……………………………………

Monate mit 30 Tagen: ……………………………………

……………………………………

34 Ergänze die Lücken.

a) Ein Monat hat mehr als .... Wochen.

b) Ein Jahr hat .... Wochen und 1 oder 2 Tage.

c) 2008 war ein Schaltjahr. Wann sind die nächsten drei Schaltjahre?

...................., ..., ...

d) Vom 1.1.2011 bis zum 31.12.2015 vergehen .... Tage.
Tipp: Überlege dir zuerst, wie viele Schaltjahre in diesem Zeitraum liegen.

35 2016

Januar					
Wo	53	1	2	3	4
Mo		4	11	18	25
Di		5	12	19	26
Mi		6	13	20	27
Do		7	14	21	28
Fr	1	8	15	22	29
Sa	2	9	16	23	30
So	3	10	17	24	31

Februar					
Wo	5	6	7	8	9
Mo	1	8	15	22	29
Di	2	9	16	23	
Mi	3	10	17	24	
Do	4	11	18	25	
Fr	5	12	19	26	
Sa	6	13	20	27	
So	7	14	21	28	

März					
Wo	9	10	11	12	13
Mo		7	14	21	28
Di	1	8	15	22	29
Mi	2	9	16	23	30
Do	3	10	17	24	31
Fr	4	11	18	25	
Sa	5	12	19	26	
So	6	13	20	27	

April					
Wo	13	14	15	16	17
Mo		4	11	18	25
Di		5	12	19	26
Mi		6	13	20	27
Do		7	14	21	28
Fr	1	8	15	22	29
Sa	2	9	16	23	30
So	3	10	17	24	

Mai						
Wo	17	18	19	20	21	22
Mo		2	9	16	23	30
Di		3	10	17	24	31
Mi		4	11	18	25	
Do		5	12	19	26	
Fr		6	13	20	27	
Sa		7	14	21	28	
So	1	8	15	22	29	

Juni					
Wo	22	23	24	25	26
Mo		6	13	20	27
Di		7	14	21	28
Mi	1	8	15	22	29
Do	2	9	16	23	30
Fr	3	10	17	24	
Sa	4	11	18	25	
So	5	12	19	26	

Juli					
Wo	26	27	28	29	30
Mo		4	11	18	25
Di		5	12	19	26
Mi		6	13	20	27
Do		7	14	21	28
Fr	1	8	15	22	29
Sa	2	9	16	23	30
So	3	10	17	24	31

August					
Wo	31	32	33	34	35
Mo	1	8	15	22	29
Di	2	9	16	23	30
Mi	3	10	17	24	31
Do	4	11	18	25	
Fr	5	12	19	26	
Sa	6	13	20	27	
So	7	14	21	28	

September					
Wo	35	36	37	38	39
Mo		5	12	19	26
Di		6	13	20	27
Mi		7	14	21	28
Do	1	8	15	22	29
Fr	2	9	16	23	30
Sa	3	10	17	24	
So	4	11	18	25	

Oktober						
Wo	39	40	41	42	43	44
Mo		3	10	17	24	31
Di		4	11	18	25	
Mi		5	12	19	26	
Do		6	13	20	27	
Fr		7	14	21	28	
Sa	1	8	15	22	29	
So	2	9	16	23	30	

November					
Wo	44	45	46	47	48
Mo		7	14	21	28
Di	1	8	15	22	29
Mi	2	9	16	23	30
Do	3	10	17	24	
Fr	4	11	18	25	
Sa	5	12	19	26	
So	6	13	20	27	

Dezember					
Wo	48	49	50	51	52
Mo		5	12	19	26
Di		6	13	20	27
Mi		7	14	21	28
Do	1	8	15	22	29
Fr	2	9	16	23	30
Sa	3	10	17	24	31
So	4	11	18	25	

a) Woran erkennt man, dass 2016 das nächste Schaltjahr ist?

....

Lies auf dem Kalender von 2016 ab.

b) Auf welchen Wochentag fallen der 3. Oktober 2016 und Silvester?

....

c) Wie viele Tage sind es vom 3. April bis 11. Mai 2016, vom 17. Juni bis 3. November 2016, vom 28. Februar bis zum 7. Oktober 2016?

....

d) Der Sommer beginnt immer am 21. Juni und endet am 20. September. Wie viele Tage dauert er? ....

REGEL

- Ein Tag hat 24 Stunden (h). Die Einheit h steht für das lateinische Wort „hora“ (= Stunde).
- Eine Stunde hat 60 Minuten (min): **1 h = 60 min**
- Eine Minute hat 60 Sekunden (s): **1 min = 60 s**

Wenn du die Angabe einer Zeitdauer in eine andere Einheit umrechnen willst, gehst du folgendermaßen vor:

- Zur nächstkleineren Einheit musst du mit 60 multiplizieren:
  z. B. $2\,h = 2 \cdot 60\,min = 120\,min$
- Zur nächstgrößeren Einheit musst du durch 60 teilen:
  z. B. $180\,min = (180 : 60)\,h = 3\,h$

36 **Rechne aus.**

a) Wie viele Sekunden hat eine Stunde? ……

b) Wie viele Minuten hat ein Tag? ……

c) Wie viele Sekunden hat ein Tag? ……

TIPP

Im täglichen Leben benutzt man oft die Zeitangaben „eine halbe Stunde“ (= 30 min), „eine Viertelstunde“ (= 15 min), „eine Dreiviertelstunde“ (= 45 min) oder „eineinhalb Stunden“ (1 h 30 min = 90 min).
Es ist sehr hilfreich, wenn du dir merken kannst, wie viele Minuten dabei jeweils gemeint sind.

37 **Berechne die fehlenden Angaben.**

Hinweis: Es bedeuten: $\frac{1}{4}$ = ein Viertel, $\frac{1}{2}$ = ein Halbes,
$\frac{3}{4}$ = drei Viertel, $1\frac{1}{2}$ = ein Ganzes und ein Halbes (eineinhalb).

a) 1 h = …… min = …… s   b) $\frac{1}{4}$ h = …… min = …… s

c) $\frac{3}{4}$ h = …… min = …… s   d) $\frac{1}{2}$ h = …… min = …… s

e) $1\frac{1}{2}$ h = …… min = …… s   f) $2\frac{1}{4}$ h = …… min = …… s

38 **Frau Sommer joggt mit gleichbleibendem Tempo um einen See. Nach 2 Minuten hat sie 350 m zurückgelegt. Für die Runde um den See braucht sie 50 Minuten. Wie lang ist die Strecke, die sie bei ihrer Runde um den See zurücklegt?**

Antwort: ....

39 **Berechne.**

a) Wenn der ICE zwischen Berlin und Hannover Höchstgeschwindigkeit fährt, legt er in einer halben Minute 2 km zurück.
Welche Strecke schafft er bei gleicher Geschwindigkeit in einer Stunde?
Tipp: Du musst zuerst die Strecke berechnen, die der ICE in 1 min zurücklegt.

Antwort: ....

b) Auf der Strecke zwischen Köln und Frankfurt fährt der ICE teilweise so schnell, dass er in einer Stunde 300 km schafft.
Welche Strecke legt er dann in einer halben Minute zurück?

Antwort: ....

REGEL

- 9:37 Uhr bedeutet: 37 Minuten nach 9 Uhr.
- Um eine **Zeitspanne** zwischen zwei Uhrzeiten zu berechnen, solltest du schrittweise über die vollen Stunden rechnen. Anschließend zählst du die einzelnen Zeitabschnitte zusammen (siehe Beispiel a).
- Du addierst eine **Zeitdauer** zu einer Uhrzeit, indem du zunächst die Stunden zur vollen Uhrzeit addierst und die Minuten der Zeitdauer zu den Minuten der Uhrzeit. Bei Sprüngen über 60 min musst du die Stundenzahl um 1 erhöhen (siehe Beispiel b).

Beispiele: a) Wie lange dauert es von 10:48 Uhr bis 13:17 Uhr?

10:48 Uhr → (+12 min) → 11:00 Uhr → (+2 h) → 13:00 Uhr → (+17 min) → 13:17 Uhr

Addition aller Zeitabschnitte: **12 min + 2 h + 17 min** = 2 h 29 min

Von 10:48 Uhr bis 13:17 Uhr dauert es also 2 h 29 min.

b) Wie spät ist es, wenn man zu 8:45 Uhr 4 h 25 min addiert?

8 Uhr + 4 h ergibt 12 Uhr. 45 min + 25 min = 70 min = 1 h 10 min.

Und 12 Uhr plus 1 h 10 min ergibt 13:10 Uhr.

Nach 4 h 25 min ist es dann 13:10 Uhr.

40 **In Leas Schule beginnt der Unterricht um 8:00 Uhr. Jede Unterrichtsstunde dauert 45 min. Nach jeder zweiten Unterrichtsstunde ist eine Pause von 20 min, ansonsten gibt es kleine Pausen von 5 min. Abgebildet ist der Stundenplan von Montag. Trage die fehlenden Uhrzeiten ein.**

Std.	von	bis	Fach
1.			Sport
2.			Sport
3.			Deutsch
4.			Mathematik
5.			Musik
6.			Sachkunde

Tipp: Markiere zuerst mit kleinen Strichen, zwischen welchen Stunden es kleine Pausen gibt, und mit großen Strichen, zwischen welchen Stunden es große Pausen gibt. Dann wird die Bestimmung der Uhrzeiten übersichtlicher.

41 **Herr Steinmeier hat für einen Ausflug mit seiner Klasse folgenden Zeitplan erstellt:**

8:30	Treffen vor der Schule, Spaziergang zur S-Bahn
8:52	Abfahrt mit der S-Bahn
9:07	Ausstieg Bahnhof Schlachtensee, Wanderung zum Abenteuerspielplatz
10:02	Ankunft Abenteuerspielplatz
11:45	Beginn der Rückwanderung zum Bahnhof Schlachtensee
12:48	Ankunft Bahnhof Schlachtensee
13:15	Verabschiedung in der Schule

a) Wie lange dauert die S-Bahn-Fahrt bis zum Schlachtensee?

Antwort: ....

b) Wie lange bleibt die Klasse auf dem Abenteuerspielplatz?

Antwort: ....

c) Wie viel Zeit hat Herr Steinmeier für die Wanderung zwischen Bahnhof Schlachtensee und Abenteuerspielplatz auf dem Hinweg und auf dem Rückweg eingeplant?

Hinweg: .... Rückweg: ....

d) Wie groß ist der Zeitunterschied zwischen Hin- und Rückweg?

....

42 **Fülle die Tabelle aus; Anfang und Ende finden am selben Tag statt. Gehe so vor wie im Beispiel a) auf Seite 65.**
Beachte: Bei d) musst du rückwärts rechnen.

	a)	b)	c)	d)
Anfang	10:15 Uhr	11:43 Uhr	12:16 Uhr	
Dauer			2 h 11 min	3 h 58 min
Ende	13:27 Uhr	17:02 Uhr		17:20 Uhr

REGEL

Wenn eine **Zeitdauer in Kommaschreibweise** angegeben ist, kannst du die Ziffern nach dem Komma folgendermaßen in die nächstkleinere Einheit umrechnen:

- Bei nur einer Ziffer multiplizierst du diese Ziffer einfach mit 6 (siehe Beispiel a).
- Bei zwei Ziffern nach dem Komma multiplizierst du diese Ziffern ebenfalls mit 6, und teilst das Ergebnis dann aber noch durch 10 (siehe Beispiel b).

Große Zeitangaben beschreibt man gewöhnlich in gemischten Einheiten der nächstgrößeren Einheit. Zur Umrechnung musst du einfach durch 60 teilen (siehe Beispiel c).

Beispiele: a) 2,5 h = 2 h + (5 · 6) min = 2 h 30 min

b) 7,15 h = 7 h + (15 · 6 : 10) min = 7 h + (90 : 10) min = 7 h 9 min

c) Rechne 429 min in Stunden und Minuten um:

429 : 60 = 7 Rest 9

Also sind 429 min = 7 h 9 min.

43 **Gib die Zeitdauer jeweils in h und in min an.**

a) 3,2 h = ... h .... min

b) 5,25 h = ... h .... min

c) 574 min = ... h .... min

d) 1285 s = ... min .... s

TIPP

Vorsicht: Du musst zwischen Uhrzeitangaben und Zeitdauern unterscheiden.

So bedeutet die **Uhrzeitangabe 7:15 Uhr** „um 7 Uhr und 15 min“.

Dagegen entspricht die **Zeitdauer 7,15 h** 7 Stunden und 9 Minuten (siehe oben, Beispiel b).

Zwischentest

maximale Punktzahl 6

1 **Wandle in die angegebene Einheit um. Benutze eine Stellenwerttafel, falls nötig. In c), d) und f) brauchst du die Kommaschreibweise.**

a) 7,5 m = ... cm b) 0,82 dm = ... mm c) 25 cm = ... m

d) 725 mm = ... m e) 2,48 km = ... m f) 3500 m = ... km

maximale Punktzahl 4

2 a) 14 € – 250 ct + 3,75 € = ... € b) 5,80 € + 70 ct + 12 € = ... €

c) 8 · 25,40 € = ... € d) 1186,80 € : 24 = ... €

maximale Punktzahl 3

3 **Joshua kauft 3 Stück Kuchen zu je 1,75 € und 7 Brötchen zu je 65 ct. Wie viel bekommt er zurück, wenn er mit einem 10-€-Schein bezahlt?**

maximale Punktzahl 3

4 **Laura geht täglich mit ihrem Hund spazieren und legt dabei 2450 m zurück. Welche Strecke hat sie mit ihrem Hund in 4 Wochen zurückgelegt? Gib das Ergebnis sowohl in m als auch in km an.**

maximale Punktzahl 6

5 **Wandle um. Benutze eine Stellenwerttafel, falls nötig.**

a) 3,2 t = ... kg b) 750 g = ... kg c) 54,7 kg = ... g

d) 5 t 85 kg = ... t e) 42 kg = ... t f) 0,005 t = ... g

maximale Punktzahl 5

6 **Herr Wassmann kauft ein: 12 Flaschen Limonade zu je 1,5 Liter, 3 Tüten Milch zu je 500 ml, 2 Flaschen Olivenöl zu je 350 ml und eine Flasche Weinessig zu 0,75 l. Welche Flüssigkeitsmenge (in l) ist das?**
Tipp: Wandle zuerst in ml um, berechne das Ergebnis zunächst in ml.

maximale Punktzahl 6

7 **Wandle in die angegebene Einheit um (Zeit).**

a) 5 Tage 12 h = ... h b) 3 h 27 min = ... min

c) 2700 s = ... min d) $\frac{3}{4}$ min = ... s

e) 325 min = ... h .... min f) 5,4 h = ... h .... min

Gesamtpunktzahl
.... von 33

Lernplaner

Kontrolliere deine Ergebnisse mithilfe der Lösungen (Seite 120) und addiere die erreichten Punkte.

☐ 33 bis 26 Punkte: ☐ 25 bis 17 Punkte: ☐ 16 bis 0 Punkte:

Sachaufgaben

Das lernst du hier:

- → Wie du bei der Lösung von Sachaufgaben sinnvoll vorgehst.
- → Wie du Formulierungen in mathematische Rechenvorschriften übersetzen kannst.
- → Zweisatz- und Dreisatzrechnung.
- → Wie du Daten erhebst, mit Zufall und Wahrscheinlichkeit umgehst und den Durchschnitt berechnest.

Einfache Sachaufgaben

REGEL

Bei Sachaufgaben musst du immer anhand der in einem Text erwähnten Größen und Zahlen zuerst die richtige **Rechenvorschrift finden**. Dann führst du diese Rechnung durch. Bei einfachen Sachaufgaben gibt es nur eine Rechenart. Wie du dabei vorgehst, zeigt dir das Beispiel.

Beispiel: Diana radelt die 5230 m lange Strecke zu ihrer Freundin Sina. Nach 3750 m muss sie an einem Bahnübergang halten. Welche Strecke muss sie danach noch radeln?

Lösungsschritte:

1. Lies die Aufgabe sorgfältig durch.
2. Schreibe auf, was **gegeben** ist:
   gegeben: Gesamtstrecke 5230 m, 1. Teilstrecke 3750 m
3. Schreibe auf, was **gesucht** ist:
   gesucht: Länge der zweiten Teilstrecke
4. Überlege dir die erforderliche **Rechenart**, und führe die **Rechnung** durch:
   Differenz bilden, also subtrahieren

	5	2	3	0	m
−	3	7	5	0	m
	1	1			
	1	4	8	0	m

5. Formuliere einen **Antwortsatz**:
   Nach dem Bahnübergang muss Diana noch 1480 m radeln.

REGEL

Du darfst nur solche Größen addieren (plus) bzw. subtrahieren (minus), die **die gleiche Einheit** haben.

1 **Nino fährt mit seinen Eltern in den Urlaub nach Italien. Am ersten Tag legen sie 785 km zurück, dann übernachten sie. Bis zum Urlaubsziel sind es am zweiten Tag noch einmal 875 km. Wie weit fahren sie insgesamt in den Urlaub?**

Gegeben: Strecke 1. Tag: 785 km; 2. Tag:

Gesucht: Gesamtstrecke

Rechnung:

Rechenart:

Antwort:

2 **Eine Mathematikstunde dauert 45 Minuten. Anke hatte im letzten Schuljahr genau 176 Mathematikstunden.**

a) Wie viele Minuten Mathematikunterricht waren das insgesamt?

b) Wie viele Zeitstunden waren das?

Gegeben: Dauer einer Schulstunde:

Anzahl Std.:

Gesucht: a) Gesamtdauer in Minuten;

b) Dauer in Stunden

Rechenart: a) Multiplikation; b) Division

Rechnung: a) 1 7 6 · 45 b) : 60 =

Antwort:

3 Eine Baufirma muss einen 10,5 t schweren Kieshaufen abtransportieren. Wie oft muss ein Lkw fahren, wenn er maximal 750 kg laden darf? (Achte auf gleiche Einheiten!)

Gegeben:

Gesucht:

Rechenart:

Antwort:

4 Ein Tanklastwagen hat 15 680 l Heizöl geladen.
Beim ersten Kunden liefert der Fahrer 4870 l Heizöl ab.
Wie viel Liter Heizöl sind danach noch im Tanklastwagen?

Gegeben:

Gesucht:

Rechenart:

Antwort:

5 Frau Kramer möchte sich ein Motorrad kaufen, das 4138 € kostet.
Gespart hat sie bisher 2475 €.
Wie viel Geld fehlt noch?

Gegeben:

Gesucht:

Rechenart:

Antwort:

6 Am letzten Sonntag hat Laura viel in einem spannenden Buch gelesen. Sie fing auf Seite 179 an und hörte mit Seite 331 auf. Wie viele Seiten hat sie gelesen?

Gegeben:

Gesucht:

Rechenart:

Antwort:

7 Ein Kino mit 750 Sitzplätzen war am letzten Mittwoch ausverkauft. Eine Eintrittskarte kostete auf allen Plätzen gleich viel. Die Gesamteinnahme betrug 4500 €. Welcher Eintrittspreis wurde für eine Karte verlangt?

Gegeben:

Gesucht:

Rechenart:

Antwort:

Löse ebenso im Heft:

8 Lena hat auf ihrem Sparbuch 672 € und zahlt 56 € ein.

Wie ist ihr neuer Kontostand? ....

9 Bei Janas Modelleisenbahn sind die geraden Schienen 23 cm lang. Sie hat 35 gerade Schienen.

Welche Strecke kann sie damit legen? ....

10 Eine Runde auf der Bahn im Stadion ist 400 m lang. Wie viele Runden müssen die Läufer eines 10 000-m-Rennens zurücklegen?

....

Skizzen als Hilfestellung

Beispiel: Ein Wolkenkratzer hat 75 Stockwerke mit jeweils 2,80 m Höhe. Auf dem Dach des Wolkenkratzers befindet sich noch eine 6,50 m hohe Fernmeldeantenne. Wie hoch ist der Wolkenkratzer einschließlich Antenne?

TIPP

Die größte Schwierigkeit bei Sachaufgaben besteht oft darin, **die richtige Rechenart** zu finden. Eine kleine Skizze kann weiterhelfen.

Gegeben: 75 Stockwerke, 2,80 m (280 cm) pro Stock,
Antenne: 6,50 m
Gesucht: Gesamthöhe
Rechenart: Multiplikation, Addition
Rechnung: 75 · 280 cm = 21 000 cm = 210 m
Plus Antenne: 210 m + 6,50 m = 216,50 m
Antwort: Der Wolkenkratzer ist 216,50 m hoch.

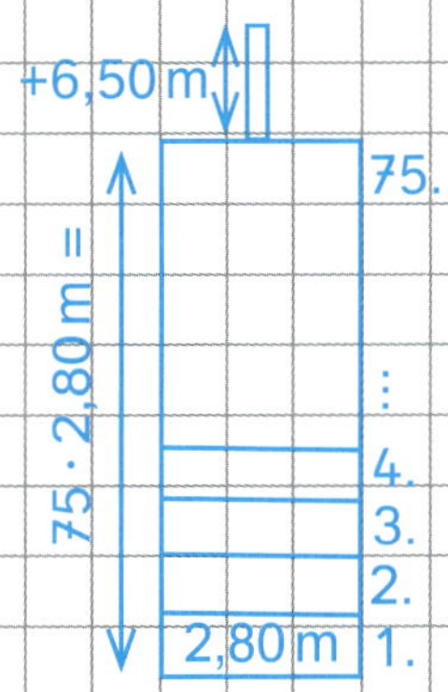

Fertige bei den nächsten Aufgaben selbst eine kleine Zeichnung oder Skizze an, wenn es dir sinnvoll erscheint, und löse dann die Sachaufgabe.

11 **Ein Schreiner möchte ein 5,10 m langes Brett in 34 cm lange Bretter der gleichen Breite zersägen. Wie viele Bretter erhält er?**
Tipp: Wandle 5,10 m zuerst in cm um.

12 **Ein Bild ist 85 cm breit und 60 cm hoch. Wie lang ist der Rahmen um das Bild insgesamt?**

13 **Ein Kino hat 25 Reihen, in jeder Reihe gibt es 30 Sitzplätze. Wie viele Sitzplätze hat das Kino insgesamt?**

14 **Herr Baumgärtner möchte seinen Vorgarten einzäunen. Dazu hat er sich 25 Zaunlatten mit jeweils 15 cm Breite besorgt. Die Lücke zwischen zwei Zaunlatten soll 45 cm betragen. Wie lang wird der Zaun?**
Tipp: Überlege dir zuerst, wie viele Lücken es gibt, wenn der Zaun aus 25 Latten besteht.

Zweisatz

REGEL

In Sachzusammenhängen treten oft Größen auf, für die Folgendes zutrifft:
Verdoppelt, verdreifacht, vervierfacht usw. sich die eine Größe, dann verdoppelt, verdreifacht, vervierfacht usw. sich auch die andere Größe.
Zum Beispiel die Größen **Menge und Preis**: Eine Vervielfachung der Menge hat die gleiche Vervielfachung des Preises zur Folge.
Oder die Größen **Weg und Zeit**: Bei gleichbleibender Geschwindigkeit bedeutet eine Vervielfachung des Weges die gleiche Vervielfachung der Zeit, die man für diesen Weg benötigt.
Aufgaben mit Größen, die in der beschriebenen Weise zusammenhängen, können mithilfe einer **Zuordnungstabelle** gelöst werden.

Beispiel: Für 5 Brötchen muss Andreas beim Bäcker 1,30 € bezahlen. Wie teuer sind 15 Brötchen?

Überlegung: Um von 5 Brötchen auf 15 Brötchen zu kommen, muss man mit 3 multiplizieren. Daher muss man 1,30 € ebenfalls mit 3 multiplizieren.

Zuordnungstabelle

	Anzahl	Preis	
· 3 ↓	5 B.	1,30 €	↓ · 3
	15 B.	3,90 €	

Rechnung

1,30 € = 130 ct

$130 \cdot 3 = 390$

390 ct = 3,90 €

Antwort

15 Brötchen kosten 3,90 €.

TIPP

Überlege dir anhand des Textes immer zuerst, welche beiden Größen zusammengehören. Trage dann die Einheiten dieser Größen in die erste Zeile und die (Maß-)Zahlen dieser Größen in die zweite Zeile der Zuordnungstabelle ein. Achte dabei darauf, dass die **gesuchte Größe rechts** steht.

15 In 3 Stunden legt ein Flugzeug 2550 km zurück.
Welche Strecke schafft es bei gleicher Geschwindigkeit in 12 Stunden?

Zuordnungstabelle:

Stunden	km
3	

Rechnung:

Antwort:

16 Herr Bader hat den Wasserhahn in seiner Küche nicht richtig zugedreht, bevor er verreist ist. Nach 2 Tagen waren 5 Liter Wasser herausgetröpfelt. Als er von der Reise zurückkam, waren 60 Liter Wasser ausgetreten. Wie lange war er unterwegs?

Zuordnungstabelle:

Rechnung:

Antwort:

17 Eine Zimmerbeleuchtung verbraucht in 8 Stunden Strom im Wert von 85 Cent. Wie teuer ist es, wenn in dem Zimmer 24 Stunden lang das Licht brennt?

Zuordnungstabelle:

Rechnung:

Antwort:

Dreisatz

REGEL

Wenn nicht ein ganzes Vielfaches einer gegebenen Größe berechnet werden kann, muss man in Zuordnungstabellen den Schritt **über die Einheit 1** gehen. Man spricht dann von einer **Dreisatzrechnung**.

Beispiel: 4 Rosen kosten 5 €.
Wie teuer sind 7 Rosen derselben Art?

Zuordnungstabelle:

	Stück	Preis	
	4 R.	5 €	
:4	1 R.	125 ct	:4
·7	7 R.	8,75 €	·7

Antwort: 7 Rosen kosten 8,75 €

Rechnung:

5 € = 500 ct

500 ct : 4 = 125 ct

125 ct · 7 = 875 ct

875 ct = 8,75 €

18 **Für 5 kg Kartoffeln muss man 6,50 € bezahlen. Wie teuer sind 8 kg?**

Tipp: Wandle 6,50 € zuerst in Cent um.

Zuordnungstabelle:

Rechnung:

Antwort:

19 Frau Winter fährt regelmäßig mit dem Auto zur Arbeit.
Nach 5 Monaten hat sie 6600 km zurückgelegt.
Wie viele Kilometer werden es nach einem Jahr sein?

Zuordnungstabelle:

Rechnung:

Antwort:

20 Ein Frachtschiff verbraucht in 7 Stunden Fahrt 1820 l Diesel.
Zwischen zwei Häfen ist dieses Schiff insgesamt 31 Stunden unterwegs.
Wie viel Liter Diesel verbraucht das Schiff auf dieser Strecke?

Zuordnungstabelle:

Rechnung:

Antwort:

21 9 Taschenrechner kosten 106,20 €.
Wie teuer sind 14 Taschenrechner desselben Typs?
Tipp: Wandle 106,20 € zuerst in Cent um.

Zuordnungstabelle:

Rechnung:

Antwort:

Schwierige Sachaufgaben

REGEL

Bei schwierigen Sachaufgaben musst du oft zwei Rechenschritte nacheinander durchführen. Im zweiten Rechenschritt musst du dann mit dem Ergebnis des ersten Rechenschritts weiterrechnen. Oft tauchen in solchen Aufgaben die Worte „pro" und „je" auf, die darauf hinweisen, dass eine benötigte Rechenart die Multiplikation ist.

Beispiel: Franziska entdeckt Taschenbücher zum Sonderpreis von 6 € pro Buch. Sie kauft 12 Bücher und bezahlt mit einem 100-€-Schein.
Wie viel Geld bekommt sie zurück?

Gegeben: 6 € pro Buch, 12 Bücher und 100 €.

Gesucht: Rückgeld in €.

Rechenweg und Rechnung: Anhand des Ausdrucks „pro Buch" erkennst du sofort, dass du 6 € mit der Zahl der Bücher (also 12) multiplizieren musst. Das Ergebnis sind 72 €, der Preis für die 12 Bücher. Der zweite Rechenschritt ist leicht zu erkennen: Wenn man für 72 € einkauft und mit 100 € bezahlt, muss man natürlich subtrahieren: 100 € – 72 € = 28 €.

Antwort: Franziska bekommt 28 € zurück.

Löse die Aufgaben im Heft. Achte darauf, dass Skizzen helfen könnten.

22 **Folgende Formulierungen kommen oft in schwierigen Sachaufgaben vor. Berechne.**

a) In einer Schule gibt es 18 Tische pro Klassenzimmer.
Wie viele Tische stehen in den 30 Klassenräumen der Schule?

b) Ein Bäcker verlangt 3 € pro Brot.
Wie teuer ist es, wenn man 4 Brote einkauft?

c) Ein Obsthändler verkauft Schalen mit 50 Kirschen pro Schale.
Wie viele Kirschen sind in 8 Schalen?

d) Für einen Schulausflug kassiert der Lehrer je Kind 8 €.
Wie viel Euro bekommt er von 25 Kindern?

e) Frau Müller bestellt einen Klassensatz Taschenrechner zu je 12 €.
Wie viel Euro bekommt sie von 20 Kindern?

f) Das Kilogramm Pflaumen kostet 1,80 €.
Wie viel kosten 5 kg Pflaumen?

g) Ein Auto stößt pro Kilometer 130 g Kohlendioxid aus.
Wie viel g Kohlendioxid hat das Auto nach 50 km ausgestoßen?

23 Frau Kranz kauft 6 Schalen Erdbeeren, in jeder Schale befinden sich 500 g. Gedacht sind die Erdbeeren als Nachtisch bei einem Familienfest, zu dem insgesamt 15 Personen anwesend sein werden. Wie viel Gramm Erdbeeren bekommt jede Person, wenn die Erdbeeren gerecht verteilt werden?

24 Julia kauft für sich und ihre Freundinnen 7 Eis zu je 2,10 € und zusätzlich eine Tüte Gummibären für 1,80 €. Sie bezahlt mit einem 20-€-Schein. Wie viel Euro gibt ihr die Verkäuferin zurück?
Tipp: Berechne den Gesamtpreis und das Rückgeld zuerst in Cent.

25 Herr Schmidt kauft 6 kg Äpfel ein, ein kg kostet 1,90 €. Außerdem kauft er 4 kg Pfirsiche zum Kilopreis von 2,80 €. Wie viel Geld gibt er insgesamt aus?
Tipp: Rechne zuerst mit Cent-Beträgen.

26 Die Orte Adorf und Behausen verbindet eine 21 km lange Wanderroute. Familie Angerer beginnt ihre Wanderung in Adorf und marschiert mit 3 km pro Stunde. Familie Pausewang startet zur gleichen Zeit in Behausen und wandert mit einem Tempo von 4 km pro Stunde in Richtung Adorf.

a) Wie lange sind beide Familien unterwegs, bis sie sich begegnen?
b) Welche Strecke hat jede Familie bis zum Treffpunkt zurückgelegt?

Tipp: Skizziere in folgender Zeichnung die Strecken, die beide Familien nach 1 Stunde zurückgelegt haben.

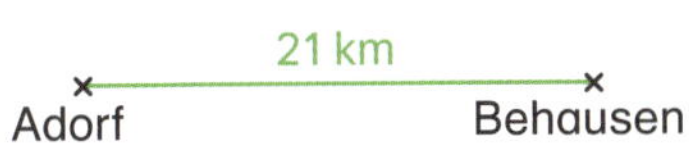

Daten erheben

REGEL

Das **Beobachten und Auswerten** von Vorgängen mit unterschiedlichen Ausgängen bezeichnet man in der Mathematik als „Daten erheben“. Beispielweise kann man einen Würfel werfen und sich notieren, wie oft die einzelnen Augenzahlen erscheinen. Oder man kann im Straßenverkehr die Häufigkeit der unterschiedlichen Autofarben untersuchen. Wie oft dabei die einzelnen Ausgänge eintreten, fasst man in einer **Strichliste** oder in einer Häufigkeitstabelle zusammen. Grafisch kann man die Ergebnisse in einem **Säulendiagramm** veranschaulichen.

Beispiel: Florian hat 30-mal einen Spielwürfel geworfen und eine Strichliste zu den gefallenen Augenzahlen erstellt.
Erstelle eine Häufigkeitstabelle und ein Säulendiagramm.

Strichliste:

Augenzahl	1	2	3	4	5	6
Wie oft?	卌 II	IIII	卌	III	卌 III	III

Häufigkeitstabelle:

Augenzahl	1	2	3	4	5	6
Häufigkeit	7	4	5	3	8	3

Säulendiagramm:

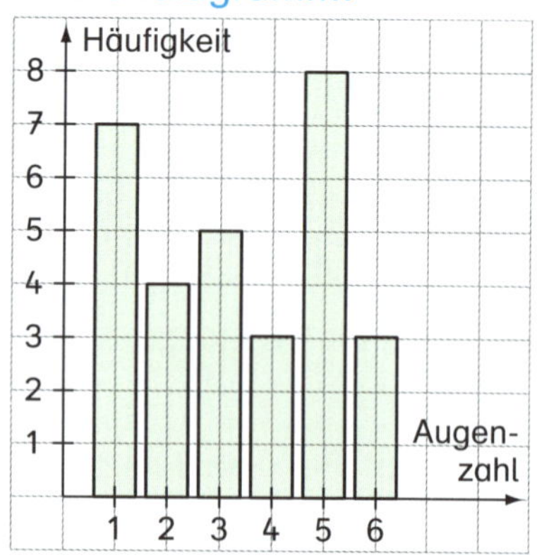

27 **Ann-Katrin und Jennifer wollten herausfinden, wie oft die verschiedenen Autofarben im Straßenverkehr vorkommen. Dazu haben sie 40 zufällig vorbeifahrende Autos beobachtet. Erstelle anhand der Strichliste eine Häufigkeitstabelle und ein Säulendiagramm.**

Farbe	rot	blau	schwarz	grün	silber	gelb	sonstige
Wie oft?	卌 II	卌 卌	IIII	I	卌 卌 I	卌	II

28 **Arbeite im Heft.**

a) Wie müsste eine Strichliste bzw. Häufigkeitstabelle für die Ergebnisse einer Klassenarbeit aussehen? Es soll nur ganze und halbe Noten geben.

b) Wie viele Striche muss deine Lehrerin bzw. dein Lehrer machen, um die Tabelle auszufüllen?

Zufall und Wahrscheinlichkeit

REGEL

Es gibt Vorgänge, bei denen der Ausgang nicht vorhergesagt werden kann, sondern vom **Zufall** abhängt. Das kennst du sicher von jedem Würfelspiel. Man kann aber anhand einer Strichliste oder **Häufigkeitstabelle** bewerten, welche Ausgänge wahrscheinlicher sind und welche nicht. Die **Wahrscheinlichkeit** eines Ausgangs kann unter anderem mit den Worten „nie“, „selten“, „oft“, „wahrscheinlich“, „sehr wahrscheinlich“ beschrieben werden. Wenn man einen Vorgang mit offenem Ausgang beliebig oft wiederholen kann, spricht man von einem **Zufallsexperiment**.

Beispiel: Max wirft zwei Würfel gleichzeitig und notiert sich die Summe der beiden Augenzahlen. Er führt dieses Würfelexperiment 100-mal durch und erhält folgende Häufigkeitstabelle:

Augensumme	2	3	4	5	6	7	8	9	10	11	12
Wie oft?	2	5	9	12	16	18	14	10	7	4	3

Welche Aussagen sind richtig oder falsch?

A: Die Augensumme 2 hat eine sehr geringe Wahrscheinlichkeit.

B: Die Augensumme 7 ist am wahrscheinlichsten.

C: Die Augensumme 10 ist wahrscheinlicher als die Augensumme 5.

D: Die Augensumme 1 kommt selten vor.

Antworten: Die Aussage A ist richtig, weil die Augensumme 2 nur zweimal bei 100 Würfen vorkommt.

Die Aussage B ist richtig, weil die Augensumme 7 am häufigsten vorkommt.

Die Aussage C ist falsch, weil die Augensumme 10 nicht so oft vorkommt wie die Augensumme 5.

Die Aussage D ist falsch, weil die Augensumme 1 überhaupt nicht vorkommen kann.

29 **Kreuze die richtige Antwort an.**

a) In der Sahara scheint tagsüber _______ die Sonne.
Welches Wort gehört in die Lücke?
(Die Sahara ist eine große Wüstenregion in Afrika.)

☐ manchmal ☐ nie ☐ oft ☐ immer

b) Ein Ferienort wirbt mit der Anzeige: „250 Sonnentage im Jahr!“ Familie Müller plant an diesem Ferienort einen Kurzurlaub übers Wochenende. Wie groß ist die Wahrscheinlichkeit, dass Familie Müller schönes Wetter bekommt?

☐ sicher ☐ gering ☐ hoch ☐ ausgeschlossen

c) Lehrer Lempel kam im letzten Jahr zweimal zu spät in den Unterricht. Simon sagt zu seinem Freund: „Herr Lempel kommt heute _______ zu spät.“

☐ garantiert ☐ sehr wahrscheinlich ☐ wahrscheinlich nicht ☐ ganz sicher nicht

d) Miriam hat in den letzten drei Diktaten mehr als fünf Fehler gemacht. Wie groß ist die Wahrscheinlichkeit, dass sie im nächsten Diktat weniger als fünf Fehler macht, falls sie nicht geübt hat?

☐ hoch ☐ gleich null ☐ eher gering ☐ ganz sicher

30 **Julia hat sich zwei Glücksräder gebastelt. Sie dreht nun beide Glücksräder gleichzeitig und notiert sich die Summe der angezeigten Zahlen.**

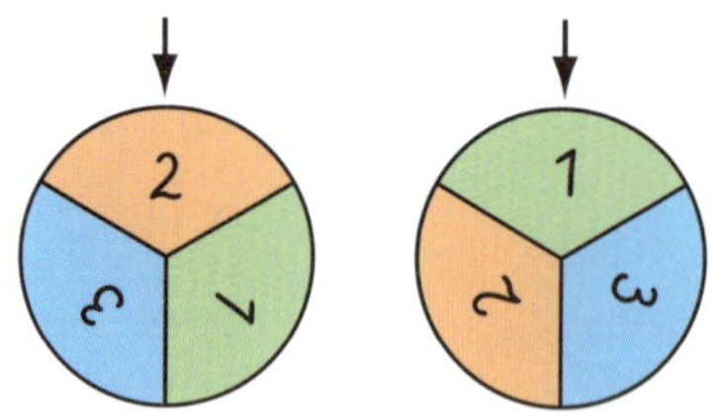

Dieses Zufallsexperiment führt sie 80-mal durch und erhält folgende Häufigkeitstabelle:

Summe	2	3	4	5	6
Wie oft?	9	17	28	19	7

a) Bewerte folgende Aussagen mit richtig oder falsch.
   A: Die Augensumme 7 erscheint eher selten.
   B: Die Augensumme 4 erscheint mit der größten Wahrscheinlichkeit.
   C: Die Augensumme 5 müsste eigentlich wahrscheinlicher sein als die Augensumme 4, weil ja 5 größer als 4 ist.

b) Julias Freundin sagt: „Als nächstes kommt ganz sicher die Augensumme 4.“ Hat sie recht?

c) Überlege dir, warum die Augensumme 4 am wahrscheinlichsten ist. Schätze mit der gleichen Überlegung die Wahrscheinlichkeiten der anderen Augensummen ab.

Durchschnitt

REGEL

Wenn man in einer Messreihe alle Werte addiert und die Summe durch die Anzahl der gemessenen bzw. beobachteten Werte teilt, erhält man den sogenannten **Durchschnitt** oder **Mittelwert** der Messreihe.

Beispiel: Jasmin möchte an einem heißen Sommertag die durchschnittliche Tagestemperatur bestimmen. Dazu liest sie von 8 Uhr morgens bis 22 Uhr abends alle 2 Stunden die Temperatur ab.

Uhrzeit	8:00	10:00	12:00	14:00	16:00	18:00	20:00	22:00
Temperatur	12 °C	20 °C	25 °C	27 °C	29 °C	28 °C	27 °C	24 °C

Wie hoch war die Durchschnittstemperatur an diesem Tag?

Die Summe aller Messwerte ist

12 °C + 20 °C + 25 °C + 27 °C + 29 °C + 28 °C + 27 °C + 24 °C = 192 °C

Da es 8 Messwerte gibt, muss man durch 8 teilen. Es ist 192 °C : 8 = 24 °C.

Jasmin ermittelt eine Durchschnittstemperatur von 24 °C.

31 **Ein Bäcker möchte seine durchschnittlichen Tageseinnahmen ermitteln und hat dazu folgende Tabelle erstellt:**

Tag	Mo.	Di.	Mi.	Do.	Fr.	Sa.
Einnahmen	131 €	137 €	149 €	122 €	156 €	175 €

a) Berechne die durchschnittlichen Tageseinnahmen.

b) Warum nimmt der Bäcker am Samstag am meisten ein?

32 **Die vier Freunde Moritz, Julian, Simon und Tim haben folgende Körpergrößen:**

Name	Moritz	Julian	Simon	Tim
Körpergröße	137 cm	145 cm	132 cm	142 cm

a) Berechne die mittlere Körpergröße der vier Jungen.

b) Welcher Junge weicht am stärksten vom Durchschnittswert ab?

c) Wie aussagekräftig ist dieser Wert für Jungen desselben Alters?

Zwischentest

Löse die Aufgaben im Heft und notiere, welche Größen gegeben und welche gesucht sind und welche Rechenart du anwenden musst. Achte darauf, dass Skizzen helfen können und du eventuell den Zwei- oder Dreisatz anwenden musst. Schreibe einen vollständigen Antwortsatz.

maximale Punktzahl 2

1 Zu einem Denkmal führen 248 Stufen hinauf, jede Stufe ist 15 cm hoch. Wie hoch muss man steigen, um das Denkmal zu erreichen? Gib das Ergebnis sowohl in cm als auch in m an.

maximale Punktzahl 1

2 29 Kinder der Klasse 4 b haben sich an einer Fahrt mit dem Bus beteiligt, die 493 € kostete. Welchen Betrag muss jedes Kind bezahlen?

maximale Punktzahl 1

3 Herr und Frau Schmitz stehen gemeinsam auf einer Waage, die 148 kg anzeigt. Nachdem Frau Schmitz die Waage verlassen hat, zeigt sie nur noch 85 kg. Wie viel kg wiegt Frau Schmitz?

maximale Punktzahl 2

4 Die Klasse 7 a hat 29 Schülerinnen und Schüler und bestellt einen kompletten Klassensatz Taschenrechner zum Preis von 9,80 € pro Gerät. Für den Versand sind außerdem 12,30 € zu bezahlen. Wie hoch ist die Gesamtrechnung?

maximale Punktzahl 3

5 Ein Motorboot verbraucht auf 5 km Fahrt 6 Liter Benzin. Am letzten Wochenende fuhr es mit vollem Tank (250 l) los und legte eine Strecke von 135 km zurück. Wie viel Liter Benzin waren danach noch im Tank?
Tipp: Berechne zuerst, wie viel Liter das Boot auf 135 km verbraucht hat.

maximale Punktzahl 3

6 Anja und Sebastian lesen je ein Exemplar des gleichen Buches, das 336 Seiten hat. Anja schafft am Tag durchschnittlich 16 Seiten, Sebastian nur 12 Seiten. Wie viele Tage ist Anja vor Sebastian mit dem Buch fertig?
Tipp: Berechne zuerst, wie viele Tage jeder der beiden für das Buch benötigt.

7 **Im Wetterbericht tauchen oft die Begriffe „sonnig“, „wechselhaft“, „bewölkt“ oder „regnerisch“ auf.**

a) Wie muss eine Strichliste aussehen, wenn du die Wetterdaten deines Wohnortes erheben willst?

b) Beobachte das tägliche Wetter an deinem Wohnort für mehrere Wochen und fülle die Strichliste aus. Wie war das Wetter?

maximale Punktzahl 2

8 **Auf einem Schulfest hat Gül 50-mal auf 6 Dosen einer Wurfbude geworfen. Die folgende Strichliste zeigt ihre Treffer:**

<table>
<tr><th>Getr. Dosen</th><th>0</th><th>1</th><th>2</th><th>3</th><th>4</th><th>5</th><th>6</th></tr>
<tr><td>Wie oft?</td><td>||</td><td>𝍸 |</td><td>𝍸 |||</td><td>𝍸 𝍸</td><td>𝍸 𝍸 |||</td><td>𝍸 ||</td><td>||||</td></tr>
</table>

a) Erstelle die entsprechende Häufigkeitstabelle und ein Säulendiagramm (rechts).

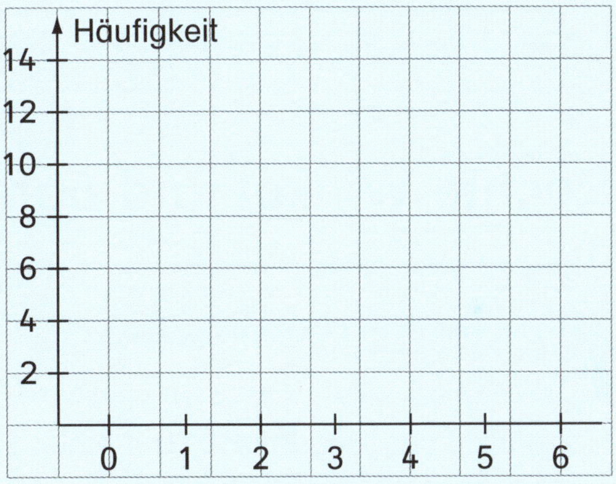

b) Bewerte die Aussagen mit richtig oder falsch:

A: Die Wahrscheinlichkeit, dass Gül beim nächsten Wurf 4 Dosen abräumt, ist am größten.

B: Beim nächsten Wurf trifft Gül ganz sicher mindestens 1 Dose.

C: Die Wahrscheinlichkeit, beim nächsten Wurf eine Dose zu treffen, ist dreimal so groß wie die Wahrscheinlichkeit, überhaupt keine Dose zu treffen.

maximale Punktzahl 6

9 **Bei einer Radarkontrolle in einer Stadt wurden die Geschwindigkeiten der ersten 10 Autos gemessen. Erlaubt waren lediglich 50 km/h.**

Auto Nr.	1	2	3	4	5	6	7	8	9	10
Geschwindigkeit	65 km/h	52 km/h	72 km/h	57 km/h	68 km/h	74 km/h	53 km/h	48 km/h	62 km/h	59 km/h

Um wie viel lag der Durchschnittswert der gemessenen Geschwindigkeiten über der erlaubten Geschwindigkeit?

maximale Punktzahl 3

Kontrolliere deine Ergebnisse mithilfe der Lösungen (Seite 122/123) und addiere die erreichten Punkte.

☐ 23 bis 18 Punkte: ☐ 17 bis 12 Punkte: ☐ 11 bis 0 Punkte:

Lernplaner

Gesamtpunktzahl .... von 23

Geometrie

Das lernst du hier:

- Wie du mit dem Geodreieck senkrechte und parallele Linien zeichnest und Punkte und Figuren an einer Achse spiegelst.
- Wie du den Flächeninhalt von Flächen bestimmst.
- Wie du Flächen und Figuren vergrößerst oder verkleinerst und wie man mit dem Maßstab auf Landkarten umgeht.
- Wie du Netze von Würfeln und Quadern zeichnest und zusammenfaltest.
- Wie du Schrägbilder von Quadern und Würfeln erstellen kannst.

Rechte Winkel und parallele Geraden

REGEL

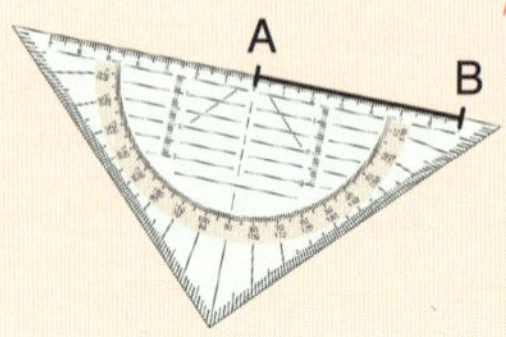

- Um mit dem Geodreieck die **Länge einer Strecke abzumessen**, musst du den „Nullpunkt" des Geodreiecks auf einen Endpunkt der Strecke legen.

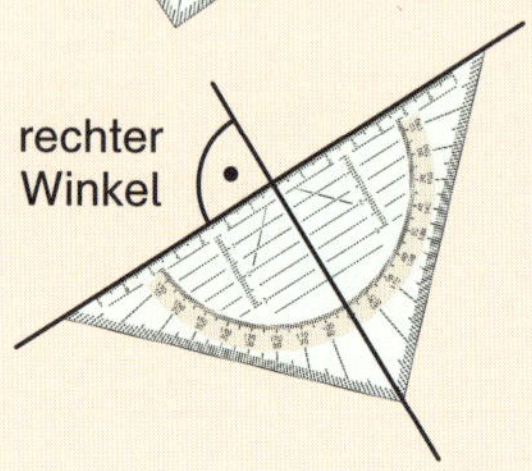

- Wenn du zu einer Strecke oder Gerade eine **senkrechte Linie** zeichnen willst, musst du die Mittellinie des Geodreiecks genau auf diese Strecke bzw. Gerade legen.
  Die lange Kante des Geodreiecks zeigt dann genau senkrecht dazu.
- **Strecken** werden mit den beiden Endpunkten bezeichnet.
  Bei der oberen Abbildung handelt es sich also um die Strecke AB.
  Willst du die Länge einer Strecke angeben, machst du noch einen Balken auf die beiden Buchstaben: $\overline{AB} = 7{,}0\,cm$
- Einen **rechten Winkel** markierst du durch einen Bogen mit Punkt.
- Zwei Geraden g und h, die einen rechten Winkel einschließen, stehen **senkrecht zueinander.** Man schreibt $g \perp h$.

1 Miss die Länge der Strecke AB mit einem Geodreieck und zeichne durch den Punkt P eine Senkrechte zu AB.

a)

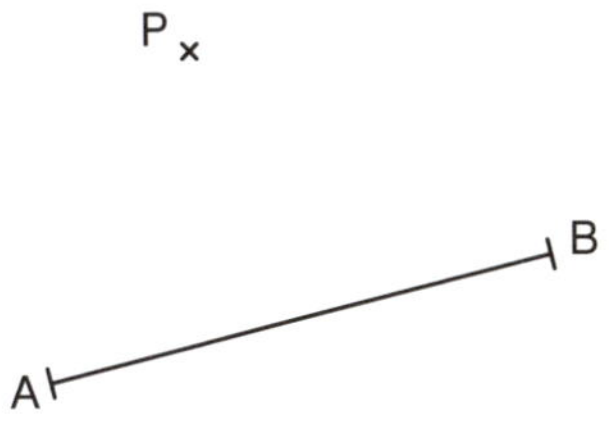

b)

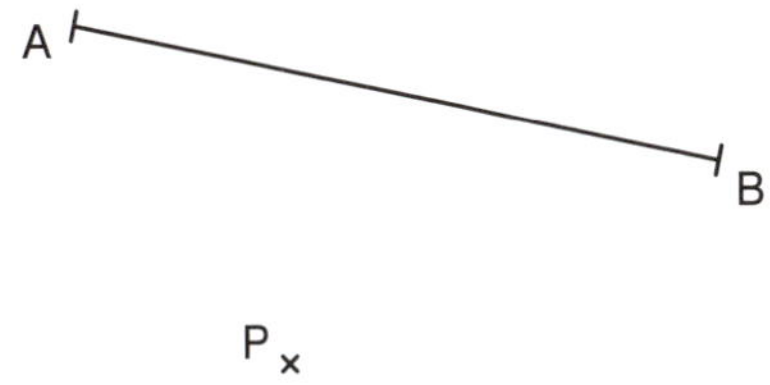

2 Zeichne drei Punkte A, B und C so, dass die Strecke AB 7 cm und die Strecke BC 5 cm lang ist.

A ×

3 Kreuze an, welche Geraden senkrecht zueinander stehen.

a) ☐

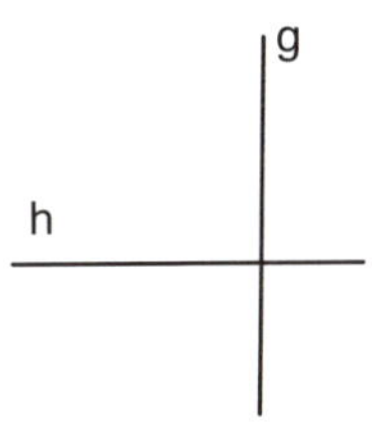

b) ☐

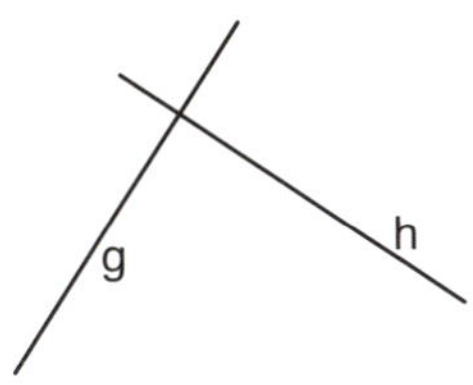

c) ☐

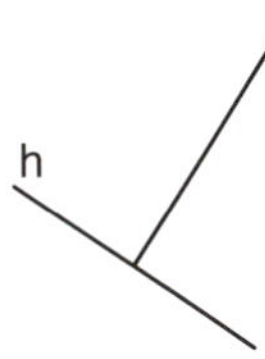

d) ☐

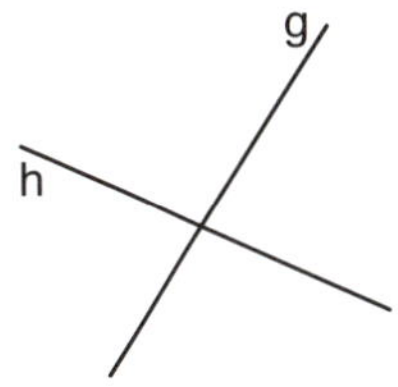

4 Zeichne durch die Punkte auf der Geraden g senkrechte Geraden zu g. Die Buchstaben, die von den senkrechten Geraden getroffen werden, ergeben eine Lösungswort.

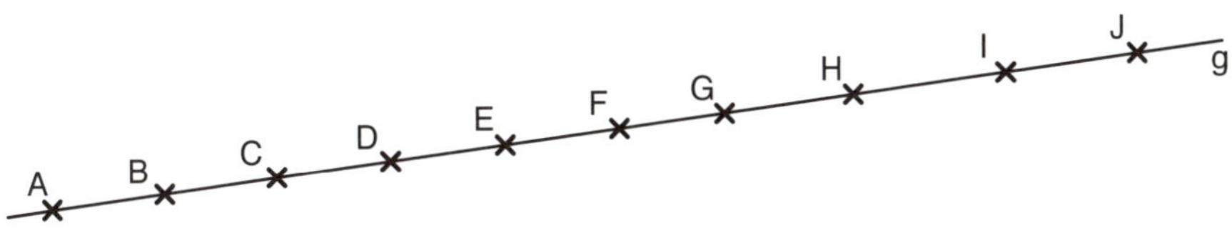

R G S E I T E A N M O Z I C J D P N B R E A D I E G K E I A H B V E F D W Q I C F D E U K

REGEL

- Ein Viereck, bei dem alle benachbarten Seiten senkrecht zueinander sind, heißt **Rechteck**.
- Sind außerdem alle Seiten gleich lang, spricht man von einem **Quadrat**.
- Die Ecken eines Rechtecks bzw. Quadrats werden mit Großbuchstaben entgegen dem Uhrzeigersinn bezeichnet.

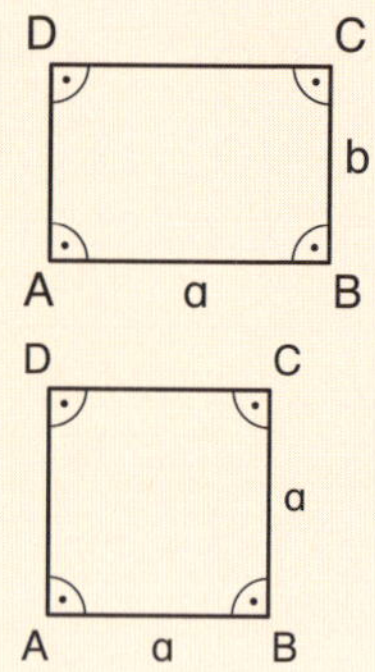

5 **Entscheide, welche Figur ein Rechteck (R), ein Quadrat (Q) oder nichts von beiden ist (N).**

a) b) c) d) e) f)

a)	b)	c)	d)	e)	f)
☐ R	☐ R	☐ R	☐ R	☐ R	☐ R
☐ Q	☐ Q	☐ Q	☐ Q	☐ Q	☐ Q
☐ N	☐ N	☐ N	☐ N	☐ N	☐ N

6 **Übertrage die drei Rechtecke mit dem Geodreieck maßgenau in dein Heft.**

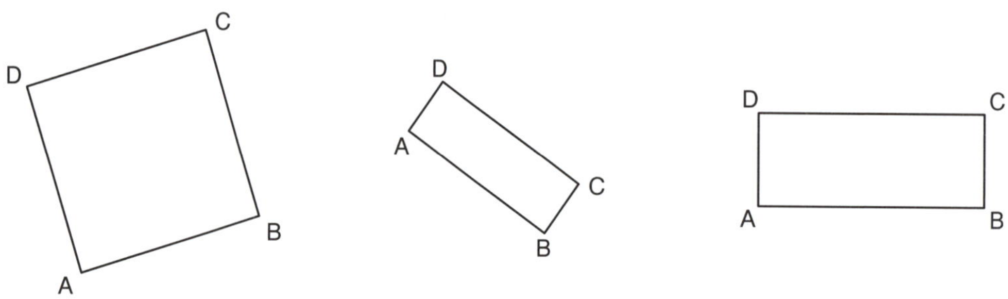

7 **Zeichne im Heft die Rechtecke bzw. Quadrate mit den angegebenen Maßen a und b.**

a) a = 3 cm; b = 5 cm

b) a = 2,5 cm; b = 7,2 cm

c) a = 5,2 cm; b = 5,2 cm

REGEL

- Zwei Geraden g und h, die beide zu einer dritten Geraden k senkrecht stehen, sind **parallel** zueinander. Du schreibst g ‖ h.
- Mit dem Geodreieck zeichnest du zwei Parallelen, indem du zweimal senkrechte Geraden zeichnest oder die parallelen Hilfslinien auf den Geodreieck verwendest.

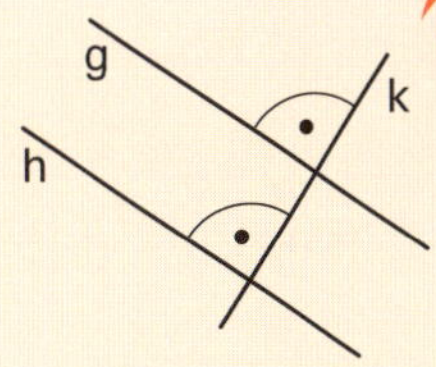

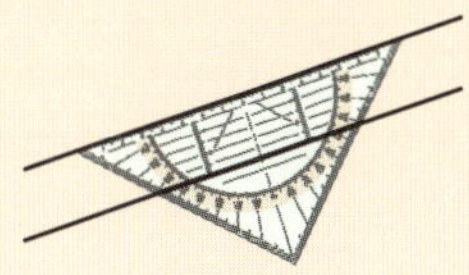

Beispiel: Zeichne die Parallele durch den Punkt P zur Geraden g.

Schritt 1: Zeichne die Senkrechte k durch P zur Geraden g.

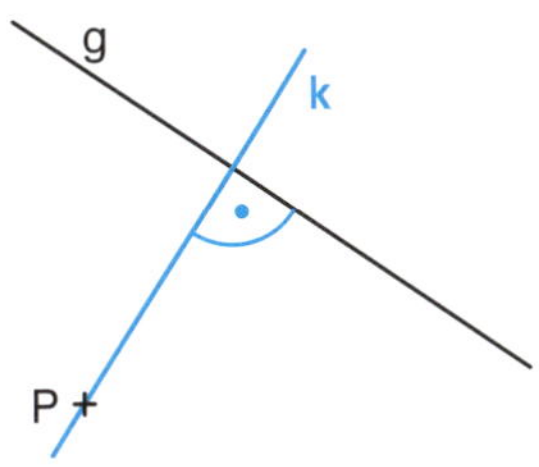

Schritt 2: Zeichne die Senkrechte h durch P zur Geraden k.

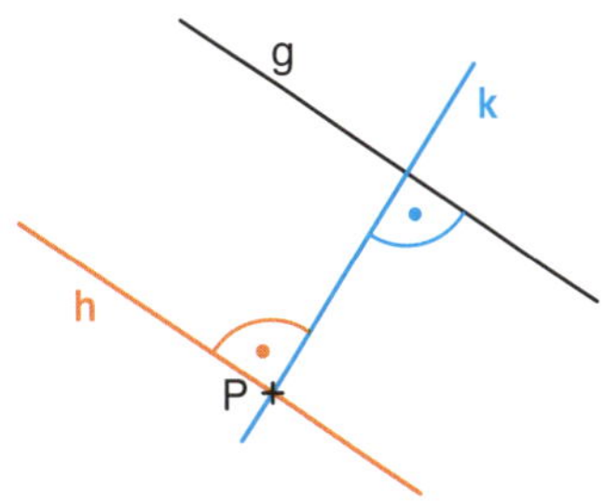

8 **Zeichne mithilfe zweier senkrechter Linien die Parallele durch den Punkt A zur Geraden g. Überprüfe die Genauigkeit deiner Zeichnung mit den parallelen Hilfslinien des Geodreiecks.**

a)

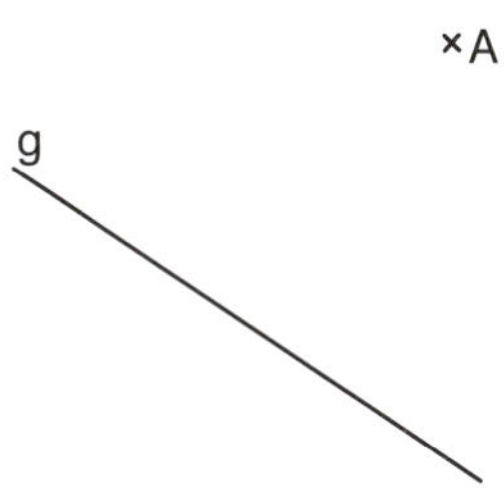

b)

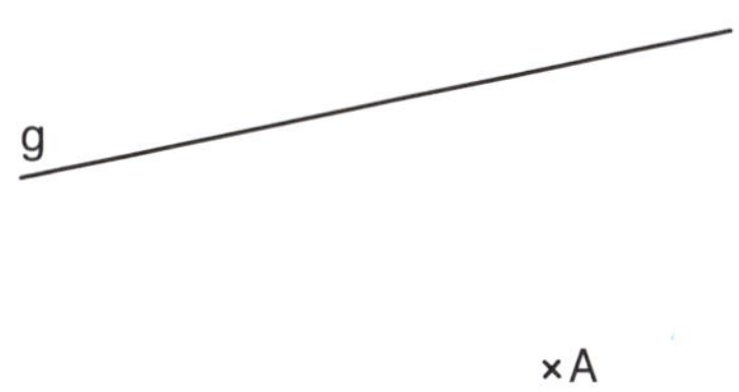

9 **Begründe: Im Rechteck sind gegenüberliegende Seiten parallel.**

Tipp: Schau dir die Zeichnung mit den Geraden g, h und k im obigen Regelkasten noch einmal genau an.

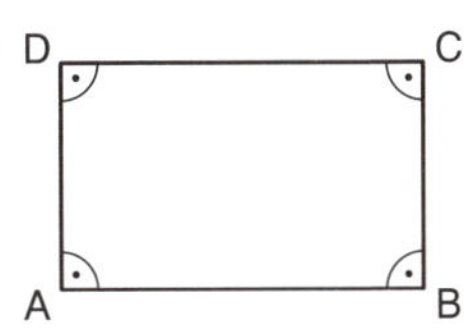

Begründung: ....

....

....

TIPP

Du kannst Parallelen noch viel einfacher zeichnen:
Lege die lange Kante des Geodreiecks genau auf die Gerade oder Strecke, zu der du eine Parallele zeichnen willst.
Dann legst du ein möglichst langes Lineal an eine der beiden kurzen Kanten des Geodreiecks, ohne dass das Geodreieck seine Lage verändert.
Wenn du nun das Geodreiecks entlang des Lineals verschiebst, kannst du in beliebigen Abständen Parallelen zu der ersten Geraden zeichnen. Entsprechend kann du auch prüfen, ob zwei Geraden parallel zueinander sind.

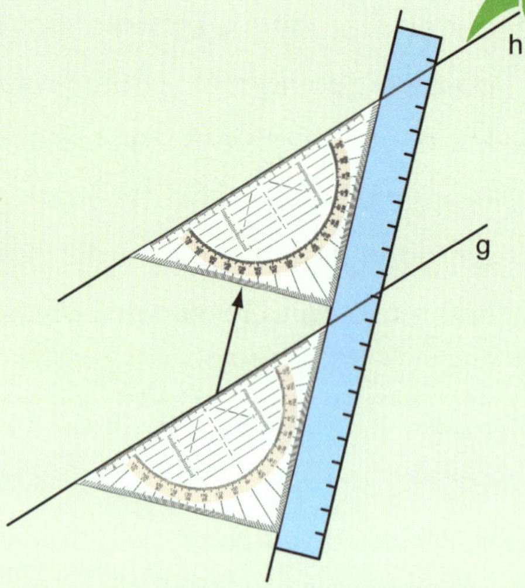

10 **Prüfe mithilfe des obigen Verfahrens, ob die beiden Geraden parallel zueinander sind.**

a)
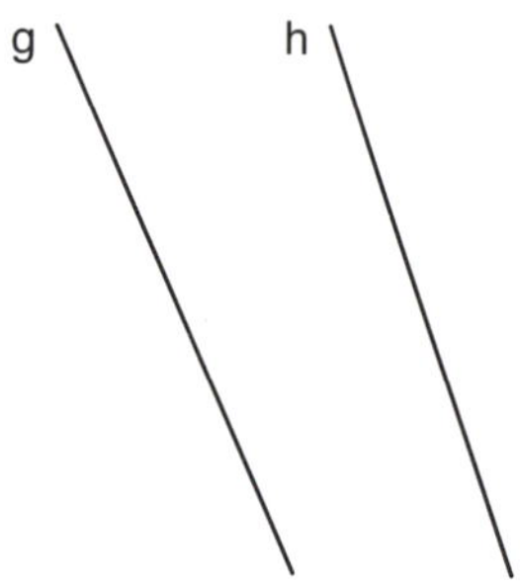

b)
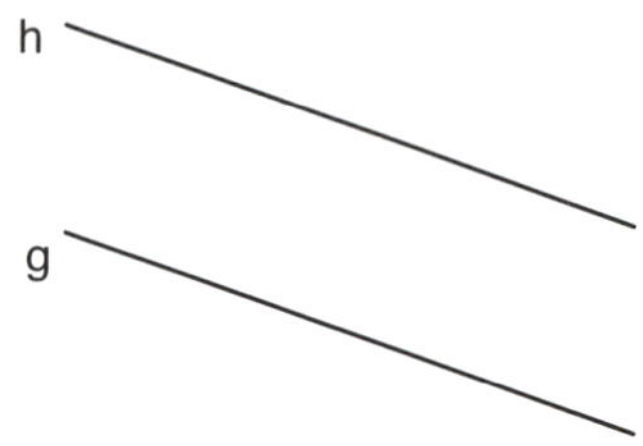

11 **Überprüfe mit dem Geodreieck, ob die blauen Linien parallel sind.**

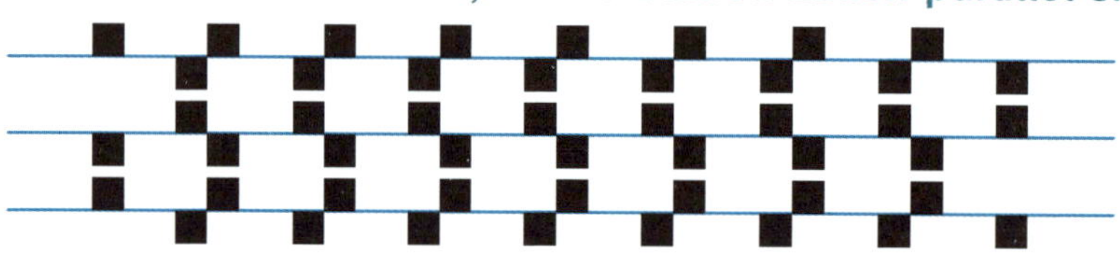

Spiegelung und Achsensymmetrie

REGEL

- Zum Spiegeln brauchst du eine **Spiegelachse s**.
- Zu jedem Punkt A gibt es einen Bildpunkt A′. Bildpunkte werden durch einen Strich ′ am entsprechenden Buchstaben gekennzeichnet.
- Die Strecke AA′ zwischen Punkt und Bildpunkt steht senkrecht zur Spiegelachse s und wird von ihr halbiert.

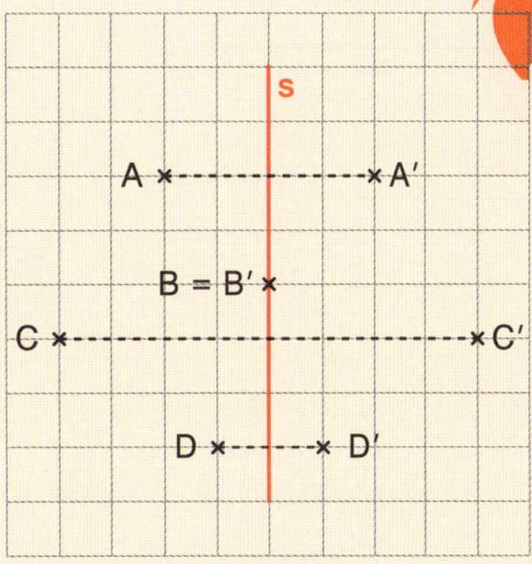

- Punkt und Bildpunkt fallen zusammen, wenn der Punkt auf der Spiegelachse liegt (in der Zeichnung ist dies der Punkt B bzw. B′).
- Wenn die Spiegelachse auf der Linie eines Karopapiers gezeichnet ist, musst du zum Spiegeln nur die Kästchen abzählen.

12 **Spiegle die Punkte an der Spiegelachse s, indem du die Kästchen zählst.**

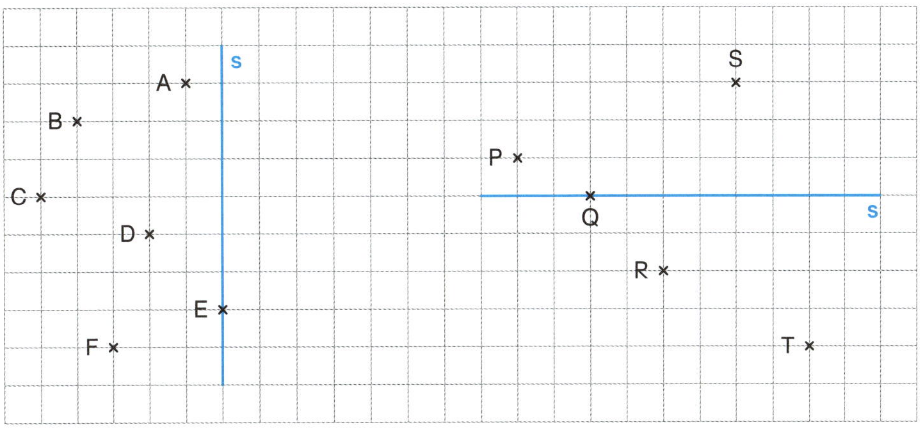

REGEL

Du kannst auch ganze **Figuren spiegeln**. Dazu spiegelst du zuerst alle Eckpunkte der Figur. Anschließend verbindest du die Bildpunkte zur gespiegelten Bildfigur.

13 Spiegle die Figur an der Spiegelachse s.

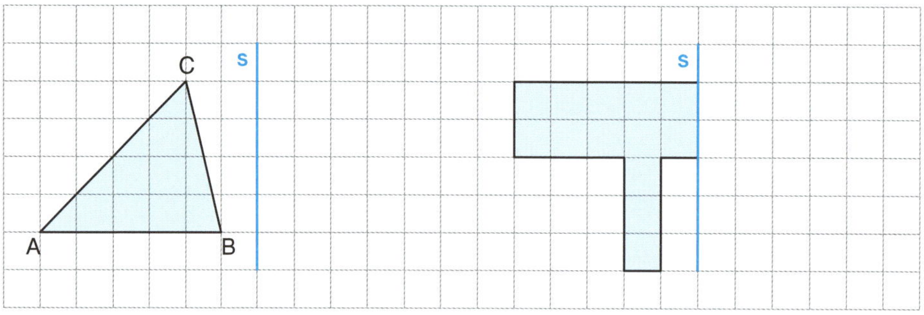

REGEL

Wenn du einen Punkt oder eine Figur auf blankem Papier oder bei schief liegender Spiegelachse spiegeln willst, benötigst du ein Geodreieck.
Dazu legst du zunächst das Geodreieck senkrecht zur Spiegelachse, sodass der zu spiegelnde Punkt genau an der langen Kante des Geodreiecks liegt (siehe Zeichnung). Anschließend zeichnest du vom Punkt A aus eine Senkrechte zur Spiegelachse und trägst den Abstand von A zur Spiegelachse s auf der „anderen Seite“ ab.

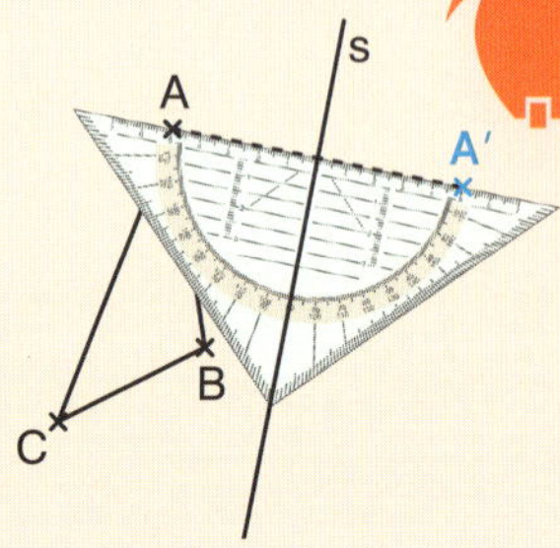

TIPP

Die Spiegelachse darf auch durch die Figur hindurchgehen.
Du musst dann „in beide Richtungen“ spiegeln.

14 Spiegle die Punkte A, B, C und D an s.
Zeichne auch die benötigten senkrechten Linien ein.

a)

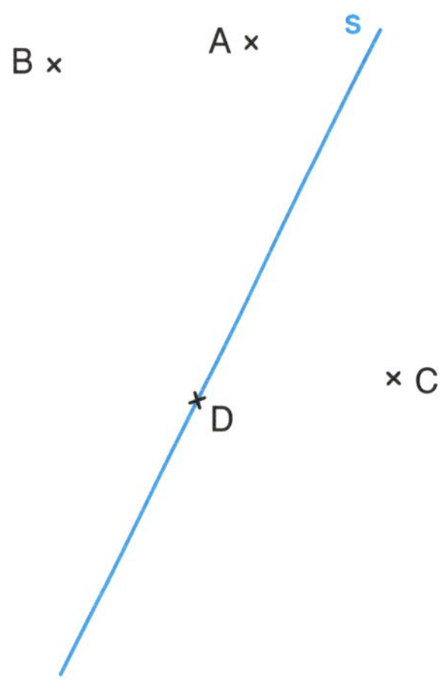

b)

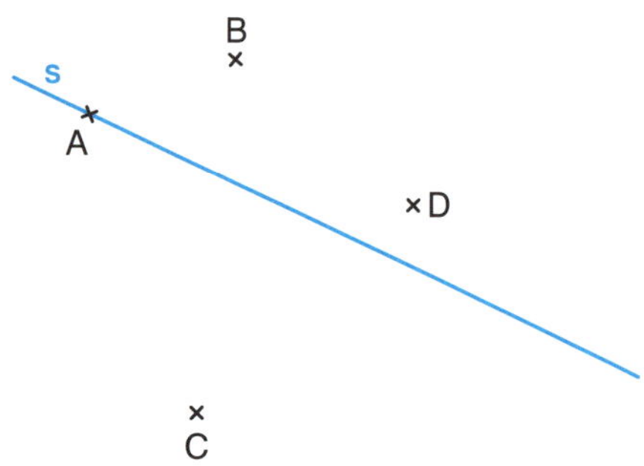

REGEL

Achsensymmetrische Figuren:

Wenn eine Figur beim Spiegeln an einer Achse s auf sich selber abgebildet wird, nennt man die Achse s **Symmetrieachse** der Figur. Eine Figur mit mindestens einer Symmetrieachse heißt **achsensymmetrisch**.

15 Zeichne alle Symmetrieachsen ein, die du findest.

A B C D E F G H I

J K L M N O P Q R

S T U V W X Y Z

16 Zeichne zu jedem Viereck alle Symmetrieachsen ein.

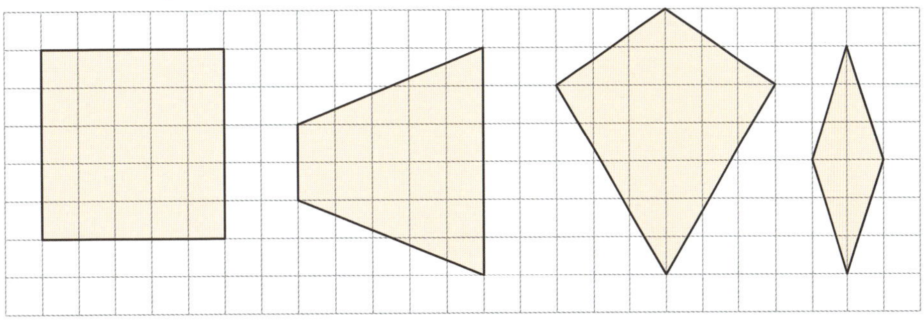

17 Ergänze zu achsensymmetrischen Figuren.

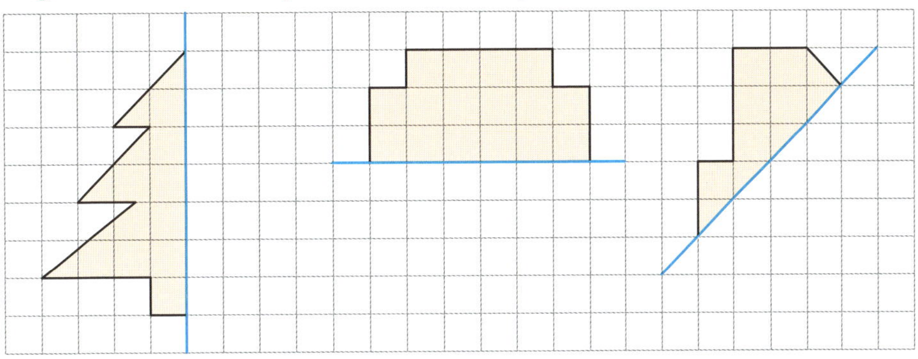

Flächen und Flächeninhalte

REGEL

Den **Flächeninhalt einer rechteckigen Fläche** kannst du mit quadratischen Karos bestimmen. Besonders einfach ist dies, wenn das Rechteck auf Karopapier gezeichnet ist, wie unten abgebildet. Dann brauchst du nur die Karos zu zählen (siehe Figur 1).
Sonst muss du überlegen, wie viele Karos der Länge 5 mm in die Breite des Rechtecks passen und aus wie vielen solcher Karoreihen das Rechteck besteht (siehe Figur 2).
Hinweis: Diese Methode funktioniert aber nur dann, wenn die Breite und die Länge eines Rechtecks jeweils ein Vielfaches von 5 mm sind.
Wie man sonst vorgeht, lernst du erst in Klasse 6.

Figur 1:

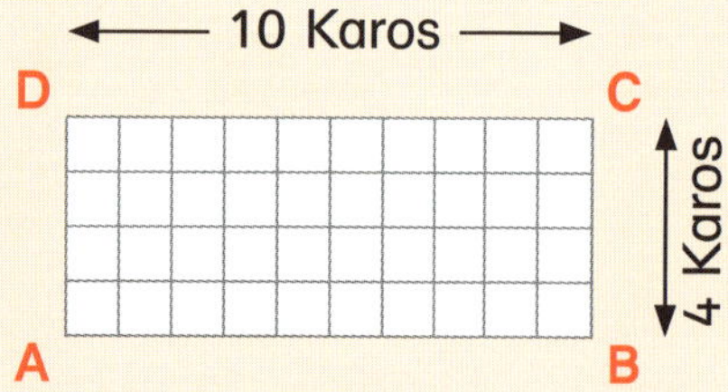

Der Flächeninhalt beträgt 40 Karos.

Figur 2:

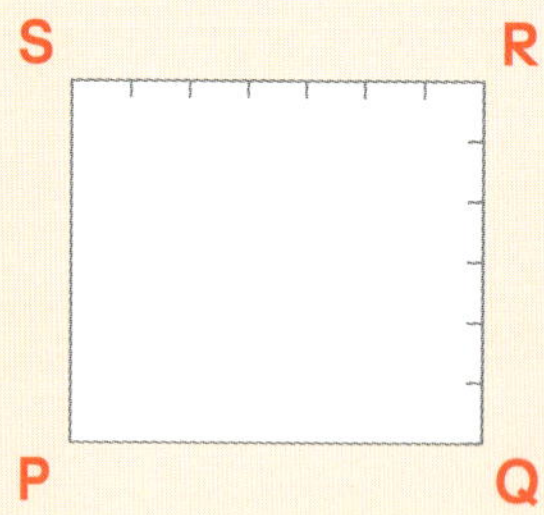

7 Karos pro Reihe, 6 Reihen: $7 \cdot 6 = 42$
Der Flächeninhalt beträgt 42 Karos.

18 **Notiere, aus wie vielen Karos die Fläche besteht.**

a)

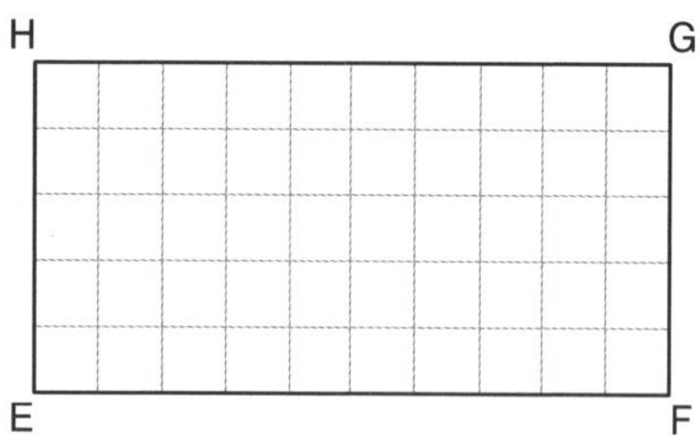

Flächeninhalt: .... Karos.

b)

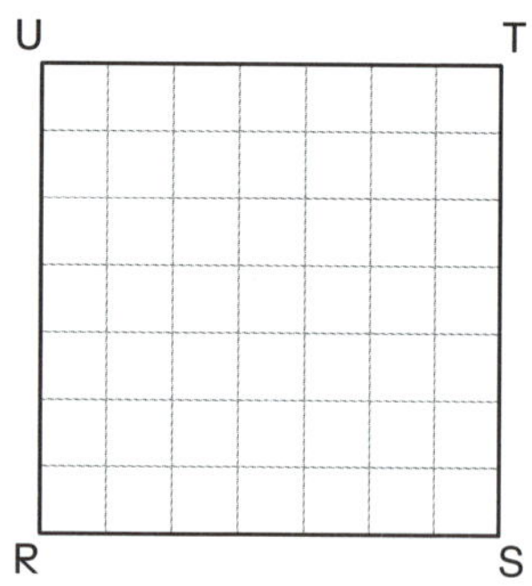

Flächeninhalt: .... Karos.

19 Überlege, wie viele 5-mm-Karos die Fläche ausfüllen und notiere dein Ergebnis.

a) 

Flächeninhalt: .... Karos.

b) 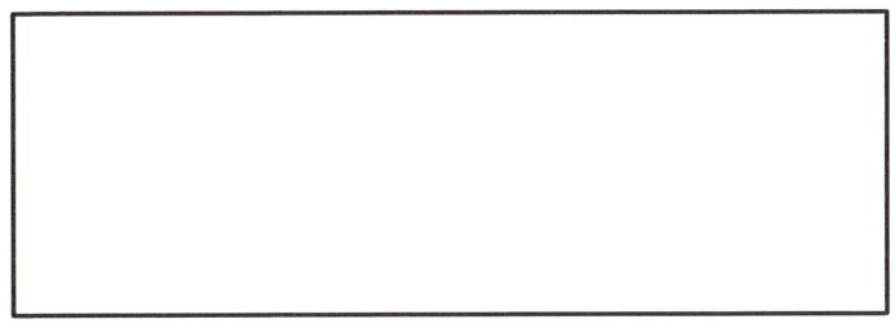

Flächeninhalt: .... Karos.

20 Abgebildet ist eine Skizze der Grundfläche eines Balkons. Er soll mit Fliesen ausgelegt werden, die quadratisch sind und eine Kantenlänge von 20 cm haben.
Wie viele Fliesen werden benötigt?

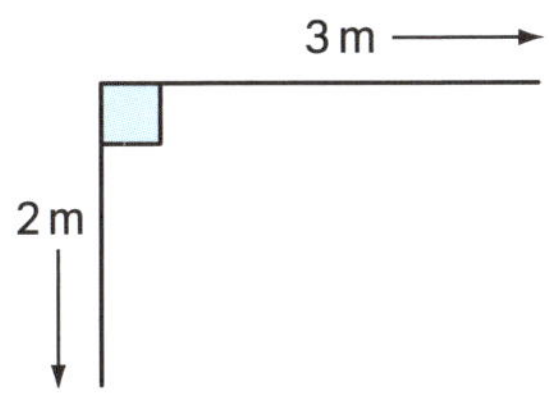

Tipp: Überlege dir zuerst, wie viele Fliesen aneinandergelegt einen Meter ergeben.

Antwort: Für den gesamten Balkon werden .... Fliesen benötigt.

21 Ein Zimmer ist 6 m lang und 5 m breit. Es wird mit Teppichfliesen ausgelegt, die quadratisch sind und eine Kantenlänge von 50 cm haben. Wie viele Teppichfliesen braucht man?

Antwort: ....

TIPP

Oft musst du Flächen erst in Rechtecke aufteilen, um ihren Flächeninhalt bestimmen zu können.

22 Aus wie vielen 5-mm-Karos besteht die abgebildete Fläche?
Unterteile zuerst in geeignete Rechtecke.
Miss die benötigten Längen mit dem Geodreieck.

a) 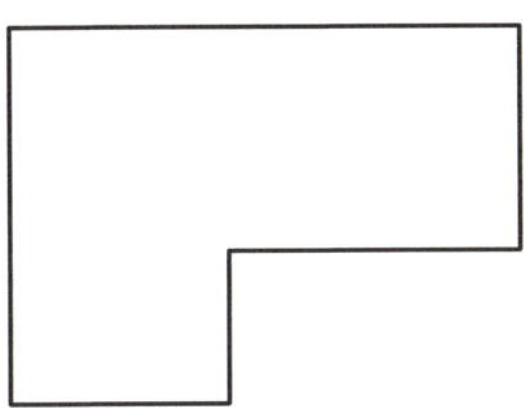

Flächeninhalt: .... Karos.

b) 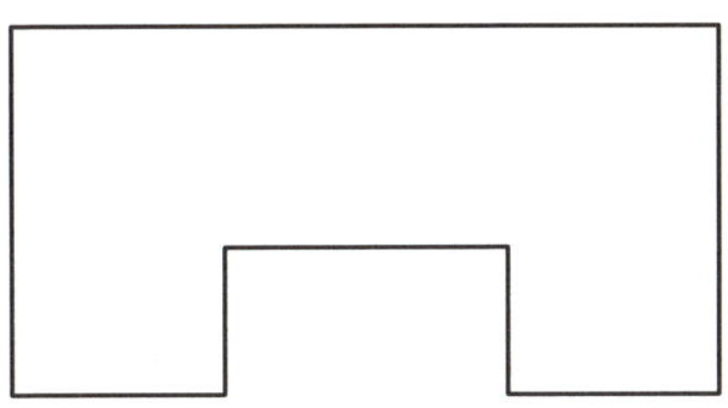

Flächeninhalt: .... Karos.

Vergrößern und Verkleinern – Maßstab

REGEL

Du kannst Figuren vergrößern oder verkleinern, wenn du alle Längen auf dasselbe Vielfache vergrößerst bzw. auf denselben Teil verkleinerst.

Beispiel:

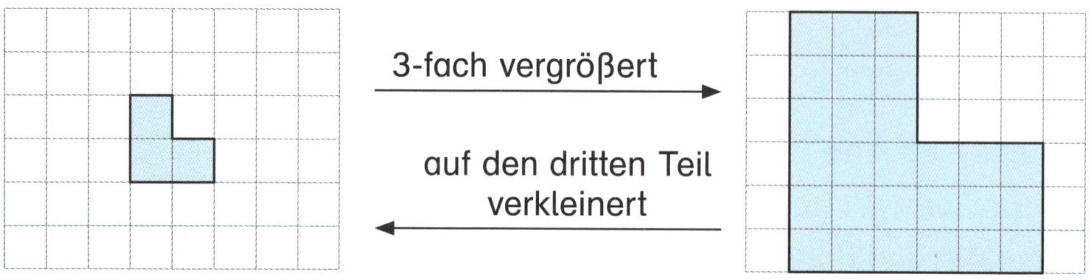

23 **Verdoppele die Figur.**

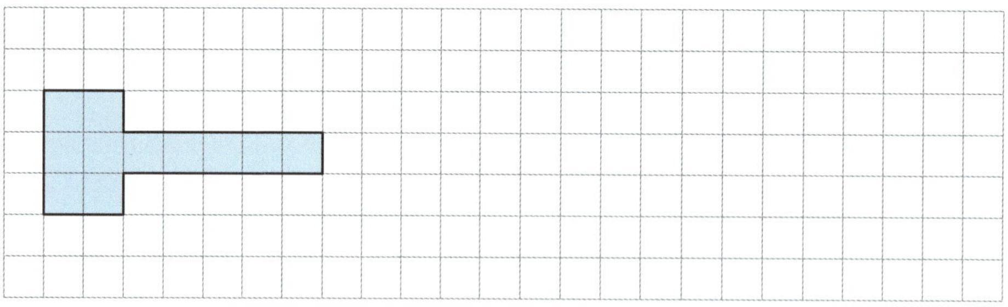

24 **Verkleinere die Figur:**

a) auf die Hälfte

b) auf den vierten Teil.

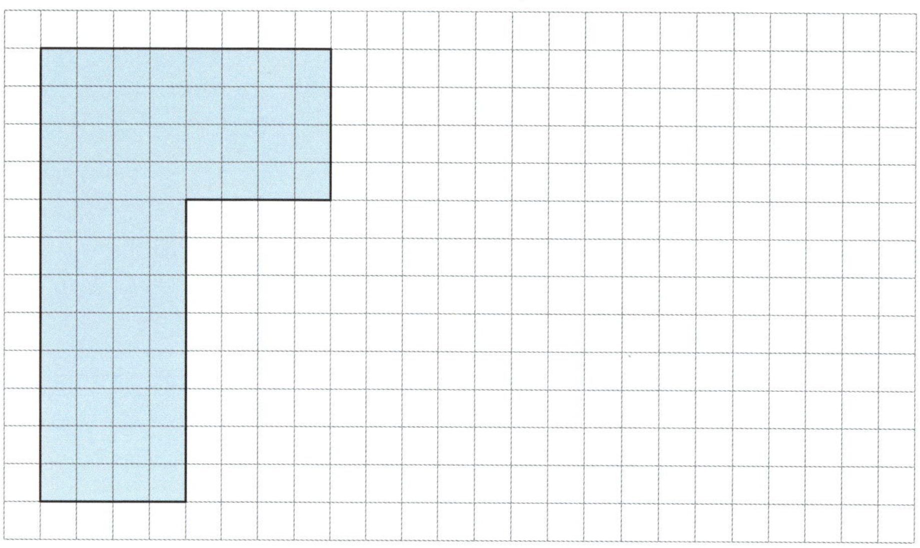

REGEL

Auf Landkarten oder bei Grundrisszeichnungen von Wohnungen findest du immer eine **Maßstabsangabe**. Zum Beispiel bedeutet der Maßstab 1 : 100 (lies: „1 zu 100"), dass in der Wirklichkeit alle abgebildeten Strecken 100-mal so lang sind wie auf der Karte bzw. in der Zeichnung.

Beispiel: Der Schmetterling ist im Maßstab 1 : 2 abgebildet.
Wie breit und wie lang ist er in Wirklichkeit?
35 mm · 2 = 70 mm = 7 cm
29 mm · 2 = 58 mm = 5,8 cm
Der Schmetterling ist in Wirklichkeit 7 cm breit und 5,8 cm lang.

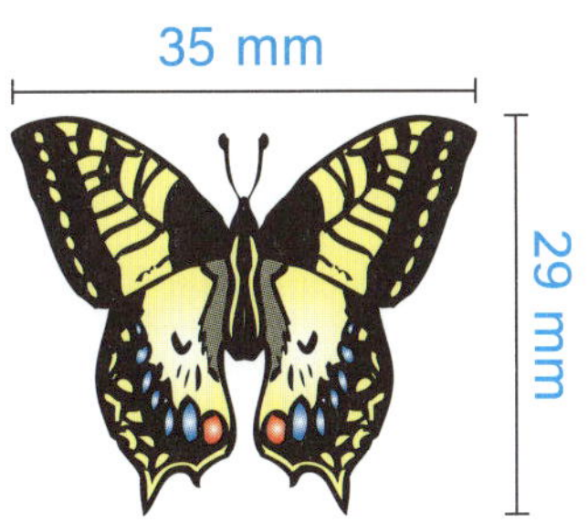

Schwalbenschwanz

25 **Der Stegosaurus ist im Maßstab 1 : 100 abgebildet. Wie lang und wie hoch war er in Wirklichkeit? Miss die benötigten Strecken in der Zeichnung ab.**

26 **Wie lang und wie breit sind Wohnzimmer und Balkon in Wirklichkeit? Der Maßstab ist 1 : 80. Entnimm der Zeichnung die benötigten Längen.**

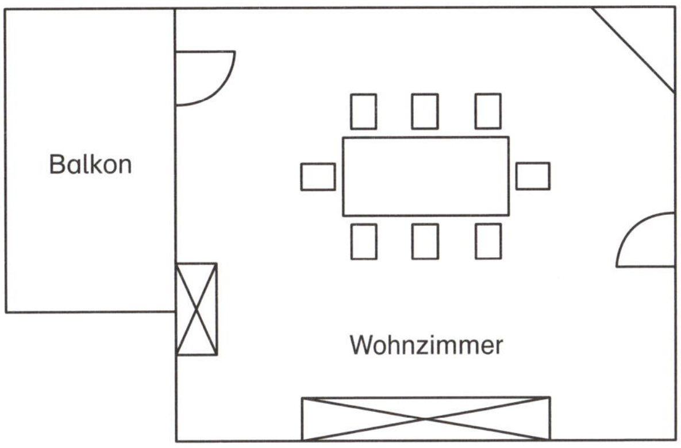

27 Die Karte aus Potsdam hat einen Maßstab von 1 : 37 700.
Miss die folgenden Entfernungen (geradlinig) auf der Karte in mm.
Wie groß sind sie jeweils in Wirklichkeit?
Rechne im Heft und gib die Ergebnisse in m an.

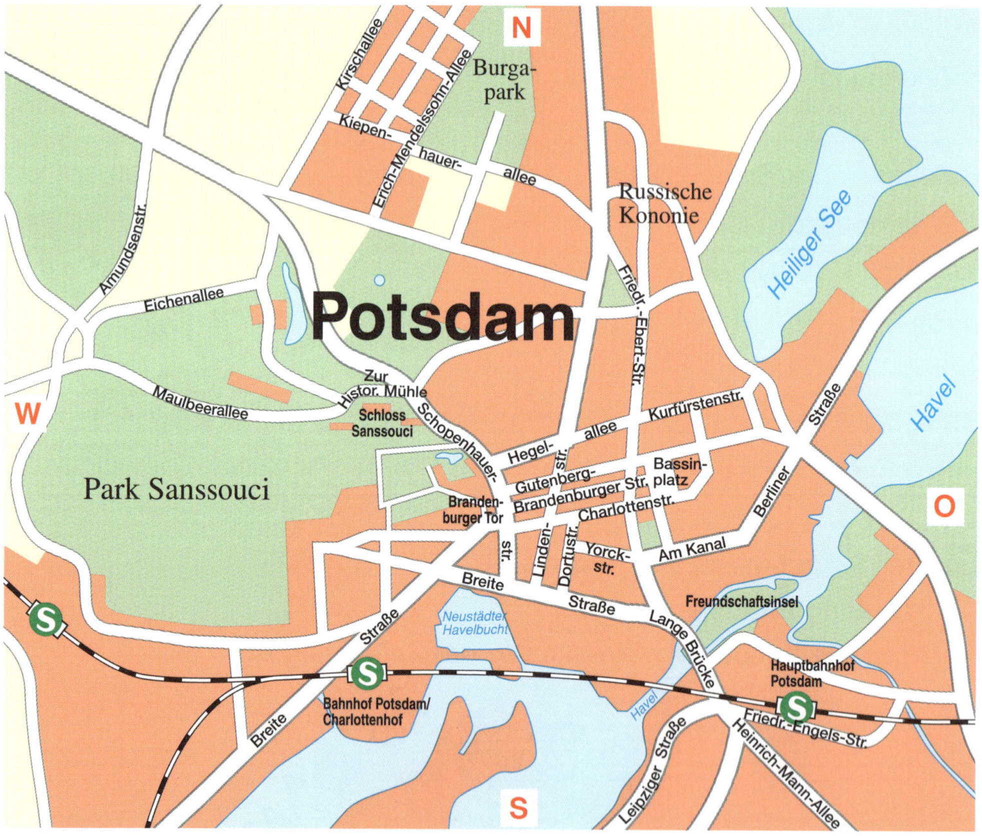

a) Wie weit ist es vom Hauptbahnhof Potsdam bis zum Bahnhof Potsdam Charlottenhof?
(Miss den Abstand zwischen den Mittelpunkten des „S"-Symbols.)

Karte: .... Wirklichkeit: ....

b) Wie lang ist der Park Sanssouci in West-Ost-Richtung?

Karte: .... Wirklichkeit: ....

c) Wie lang ist die Erich-Mendelssohn-Allee?

Karte: .... Wirklichkeit: ....

d) Miss die maximale Länge des Heiligen Sees.

Karte: .... Wirklichkeit: ....

Würfel und Quader

REGEL

Wenn du einen Würfel (z. B. aus Papier) so an einigen Kanten aufschneidest, dass du ihn zu einer Fläche auseinanderfalten kannst, dann erhältst du ein **Netz des Würfels**.
Das Netz eines Würfels besteht aus sechs quadratischen Flächen.

Würfel

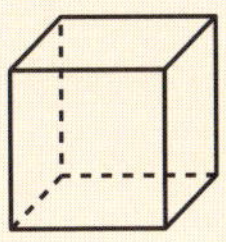

Netz des Würfels

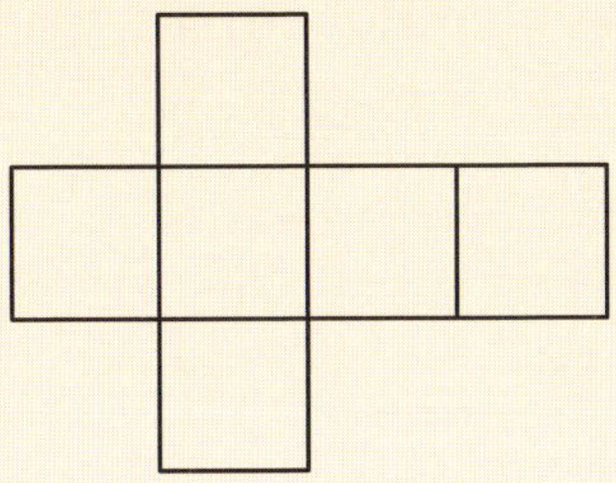

28 **Welche Abbildungen sind Würfelnetze, welche nicht?**

a) 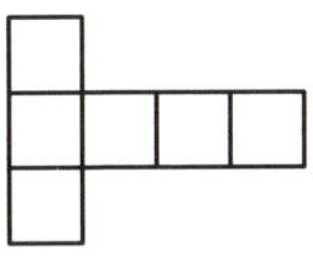

b) 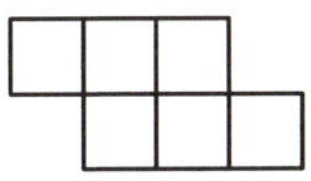

c) 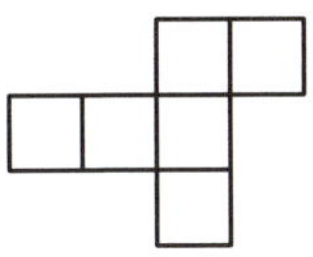

d) 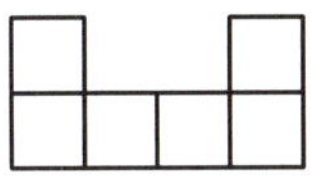

e) 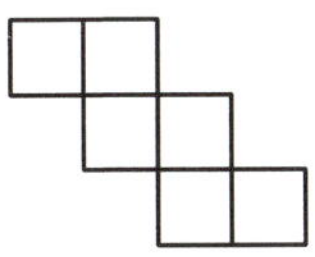

f) 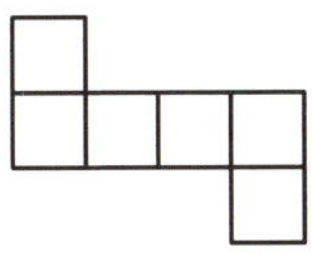

TIPP

Falls du Mühe hast, dir das Zusammenfalten der Netze zu einem Körper räumlich vorzustellen, dann zeichne die Netze auf Karopapier vergrößert ab und schneide sie aus. Versuche dann, sie jeweils zu einem Körper zu falten.

29 **Stell dir vor, das Netz wird zu einem Würfel gefaltet. Die Fläche mit dem Buchstaben G soll der Boden des Würfels sein. Färbe die Flächen des Netzes in derselben Farbe, die sich im Würfel gegenüberliegen.**

Tipp: Auch hier hilft es, wenn du die Netze vergrößert abzeichnest, ausschneidest und zu einem Würfel zusammenfaltest (siehe Tipp oben).

a) 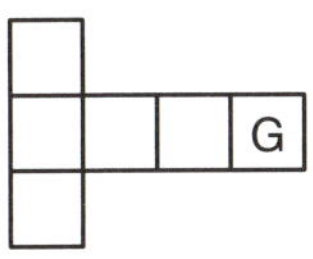

b) 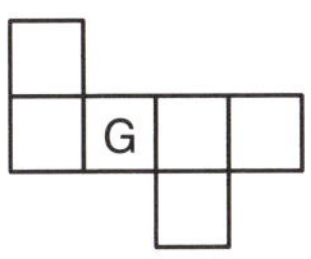

c) 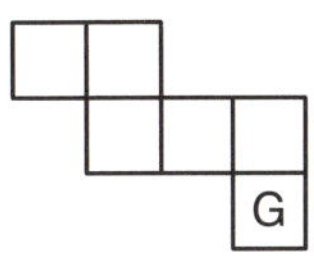

d) 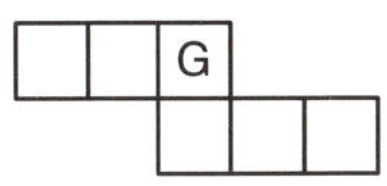

30 **Bei einem Spielwürfel ist die Summe der Augenzahlen gegenüberliegender Flächen immer 7.**
Ergänze die Würfelnetze mit den richtigen Augenzahlen.

a) 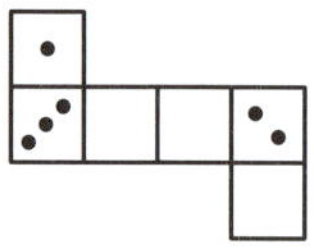

b) 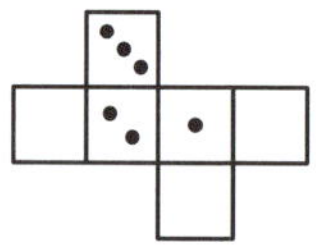

c) 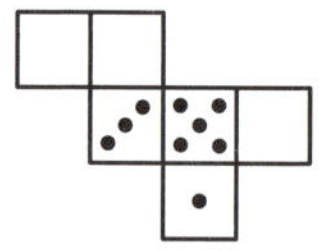

31 **Bezeichne im Würfelnetz die Ecken, die beim Zusammenfalten aufeinanderliegen, mit gleichen Buchstaben.**
Tipp: Falls du Mühe hast, diese Aufgabe ohne Netzvorlage zu lösen, dann zeichne die Netze auf Karopapier vergrößert ab und schneide sie aus. Falte sie dann jeweils zu einem Würfel.

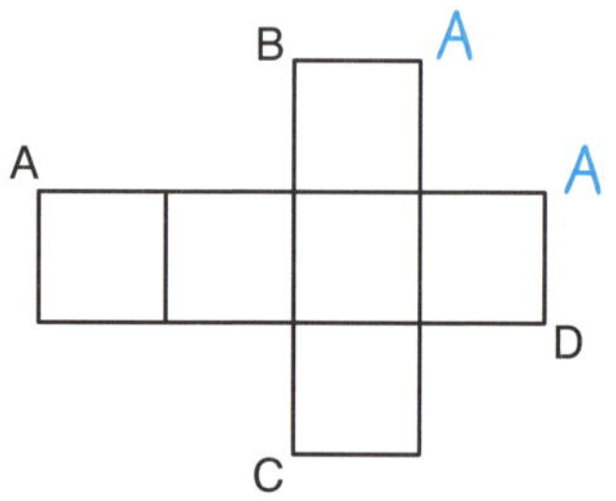

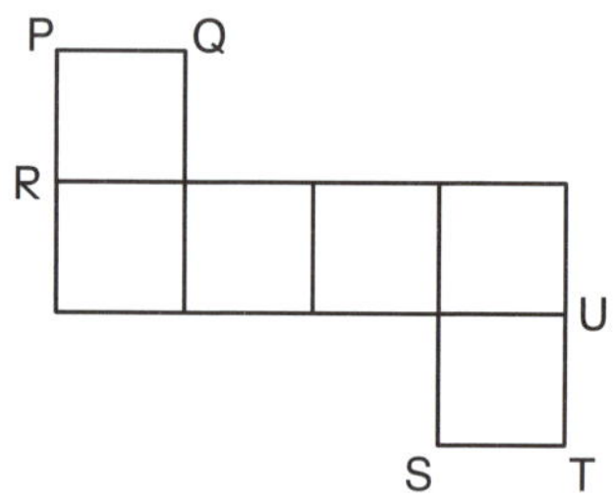

32 **Aus wie vielen Würfeln bestehen die Figuren?**
Hinweis: In den Zeichnungen schwebt kein Würfel in der Luft. Es sind also ein paar vorhandene Würfel in den Zeichnungen verdeckt.

a) 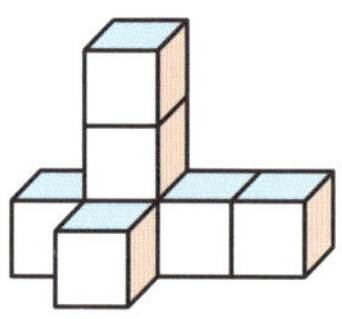

b) 

c) 

REGEL

Wenn du einen Quader (z. B. aus Papier) so an einigen Kanten aufschneidest, dass du ihn zu einer Fläche auseinanderfalten kannst, erhältst du ein **Netz des Quaders**.

Quader

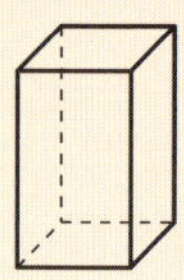

Netz des Quaders

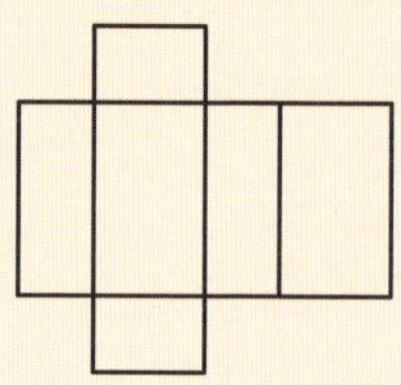

33 Welche Abbildungen sind Quadernetze welche nicht?

a)
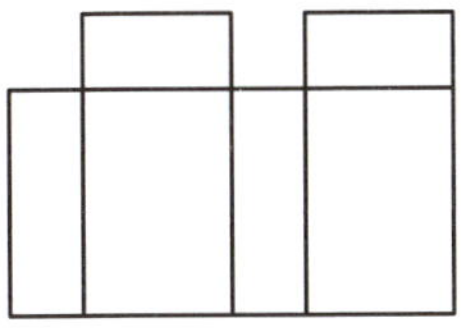
b)
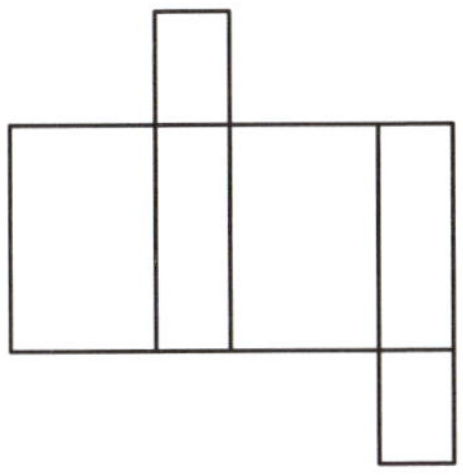
c)
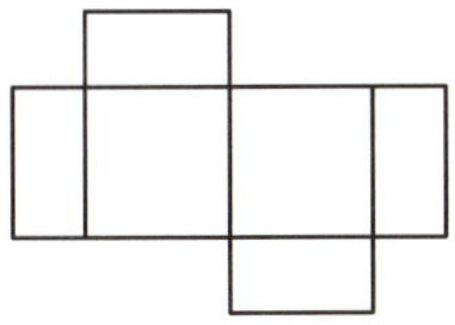

34 Welcher Quader passt zu welchem Netz? Ordne zu.

Beachte: Die Rückseite der Netze ist jeweils weiß. Du musst also so falten, dass die farbigen Flächen außen liegen.

Tipp: Falls du Mühe hast, diese Aufgabe ohne Netzvorlage zu lösen, dann zeichne die Netze auf Karopapier vergrößert ab, schneide sie aus und male sie entsprechend an. Falte sie dann jeweils zu einem Quader.

a)
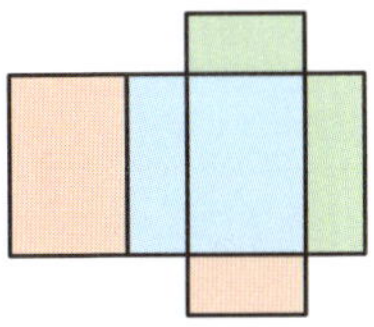
b)
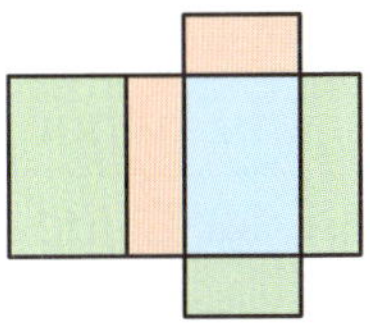
c)
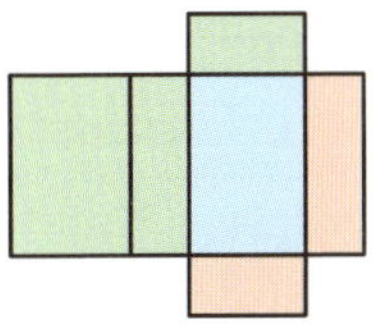
d)
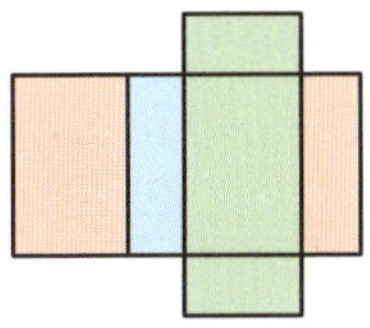

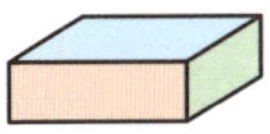
1
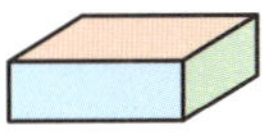
2
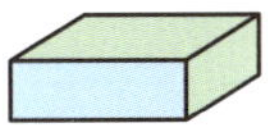
3
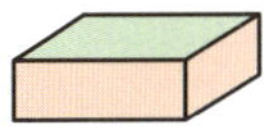
4

35 Mit welchen Kanten fallen die farbig markierten Kanten beim Zusammenfalten zusammen? Färbe sie in der gleichen Farbe.

Tipp: Beachte die jeweilige Länge einer markierten Kante. So muss beispielsweise eine gesuchte rote Kante genauso lang sein wie eine markierte rote Kante.

a)
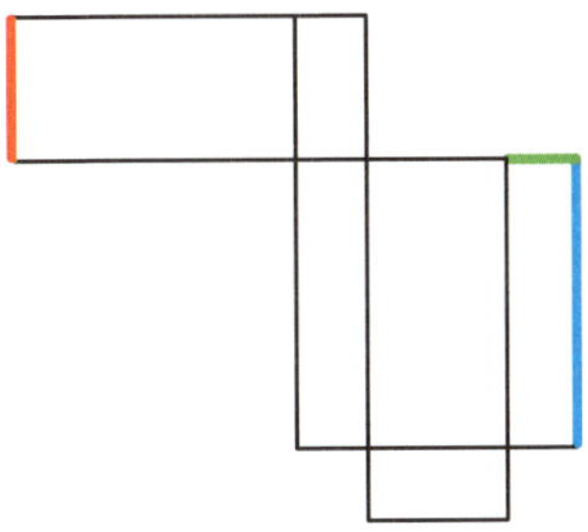
b)
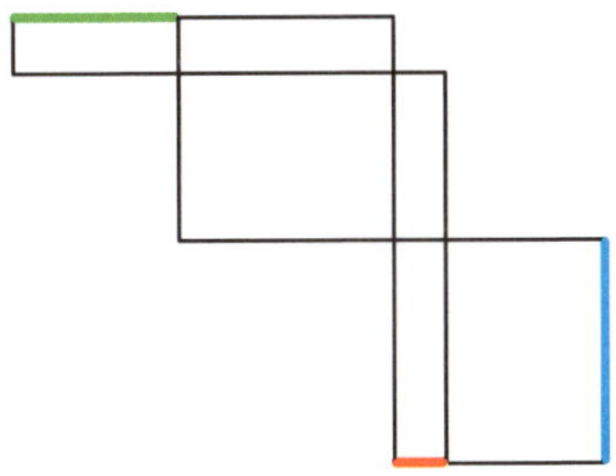

Schrägbilder von Würfel und Quader

REGEL

Ein Schrägbild vermittelt einen räumlichen Eindruck von einem Körper. Um das **Schrägbild eines Würfels** zu zeichnen, zeichnet man zuerst ein Quadrat mit der vorgegebenen Seitenlänge. Von den vier Ecken des Quadrats zeichnet man dann die nach hinten zeigenden vier Kanten „schräg" in Richtung einer Kästchendiagonalen (Beispiel a). Diese nach hinten zeigenden Kanten werden verkürzt dargestellt.
Wie stark man verkürzen soll, hängt von der Aufgabenstellung ab.
Im Folgenden soll eine Kästchendiagonale 1 cm entsprechen. Durch Verbinden der Endpunkte der „schrägen" Linien erhält man das fertige Schrägbild.
Beachte: Verdeckte Kanten sollten gestrichelt gezeichnet werden.
Das **Schrägbild eines Quaders** wird ganz genauso gezeichnet.
Je nachdem, auf welcher Seitenfläche der Quader liegen soll, entsteht ein anderes Schrägbild des Quaders (Beispiel b).

Beispiel: a) Erstelle das Schrägbild eines Würfels der Kantenlänge 2 cm.

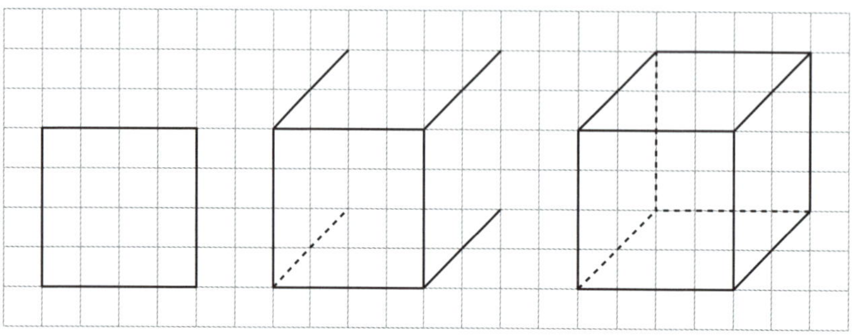

b) Erstelle das Schrägbild eines Quaders mit den Maßen 2,5 cm, 1,5 cm und 1 cm.

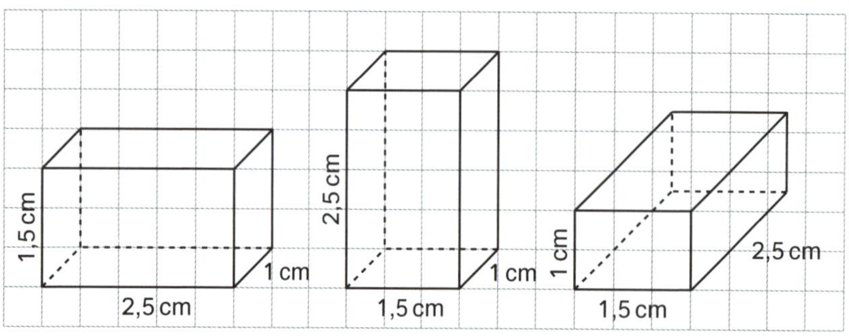

36 **Zeichne das Schrägbild eines Würfels mit der angegebenen Kantenlänge.**

Beachte: Bei c) musst du 20 mm zuerst in cm umrechnen.

a) 3 cm b) 1 cm c) 20 mm

37 **Zeichne zwei Schrägbilder eines Quaders mit den Kantenlängen 1 cm, 3 cm und 6 cm. Im ersten Schrägbild soll der Quader auf der größten Seitenfläche liegen, im zweiten Schrägbild auf der kleinsten Seitenfläche.**

Zwischentest

1 a) Zeichne jeweils durch die Punkte P und Q eine zur Geraden g senkrechte Gerade.

b) Die senkrechten Geraden durch P und Q schneiden g in den Punkten S1 und S2.
Bestimme den Abstand dieser beiden Schnittpunkte.

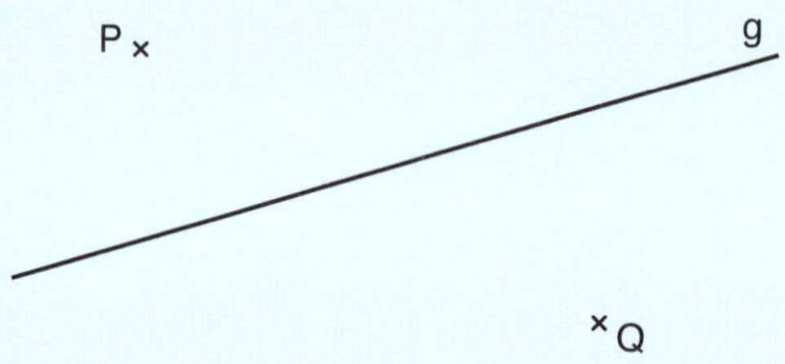

maximale Punktzahl 2

2 **Welche Geraden sind parallel zueinander?**

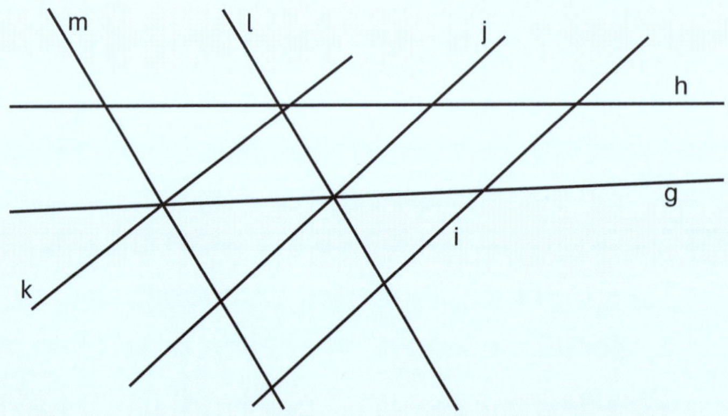

maximale Punktzahl 2

3 **Spiegele das Dreieck an der Geraden g.**

a)

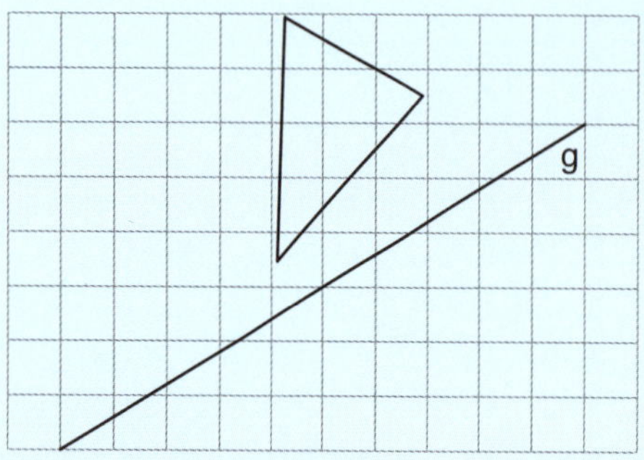

b)

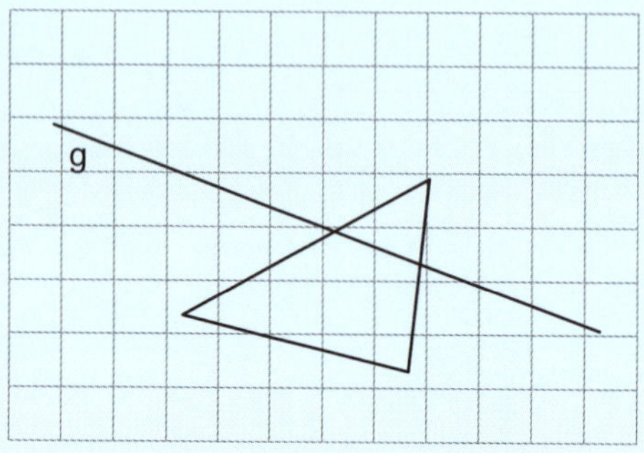

maximale Punktzahl 6

4 a) Auf der Karte auf Seite 105 legt der Rhein auf seinem Weg durch Deutschland eine Strecke von ca. 14 cm zurück. Wie lang ist diese Strecke in Wirklichkeit? Miss die Länge des Rheins auf der Karte selbst nach, indem du abschnittsweise misst.

b) Frau Brandl fährt mit dem ICE von München nach Köln, um eine Fachmesse zu besuchen. Der Zug fährt mit einer durchschnittlichen Geschwindigkeit von 160 km pro Stunde über die Stationen Würzburg und Gießen nach Köln. Wann kommt sie in Köln an, wenn der Zug in München um 7:52 Uhr startet und sie noch insgesamt 15 min Aufenthalt an den einzelnen Stationen einplanen muss?

Hinweis: Die Bahnlinie zwischen den einzelnen Stationen soll näherungsweise geradlinig verlaufen.
Tipp: Bestimme zuerst anhand der Karte die Fahrstrecke in km (Maßstab ist 1 : 500 000). Die reine Fahrzeit – also ohne Aufenthalt – kannst du dann mit einem Dreisatz berechnen.

Bundesrepublik Deutschland – politisch Maßstab 1 : 5 000 000

- Staatsgrenze
- Ländergrenze
- Regierungsbezirksgrenze
- Hauptstadt
- Regierungssitz
- Landeshauptstadt
- Verwaltungssitz eines Regierungsbezirkes
- Oberpfalz: Namen von Regierungsbezirken, die nicht nach dem Hauptort benannt sind

Zwischentest

5 **Ergänze die Würfelnetze so, dass der abgebildete Würfel entsteht.** Siehe auch den **Tipp** auf Seite 99.

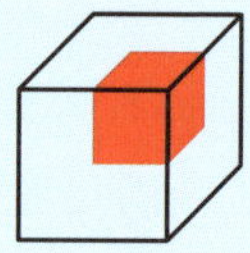

a)

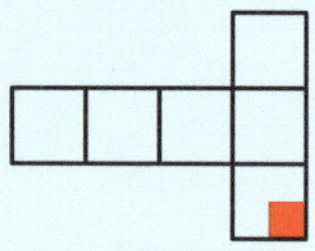

b)

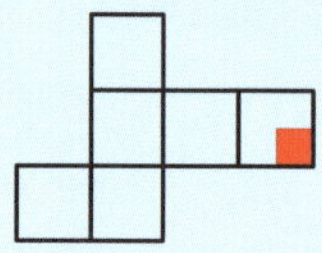

c)

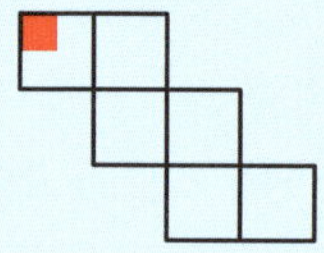

maximale Punktzahl 6

6 **Welche Buchstaben liegen gegenüber „S“, „C“ und „H“?**

Tipp: Drehe die Würfel in Gedanken um die eingezeichneten Achsen.

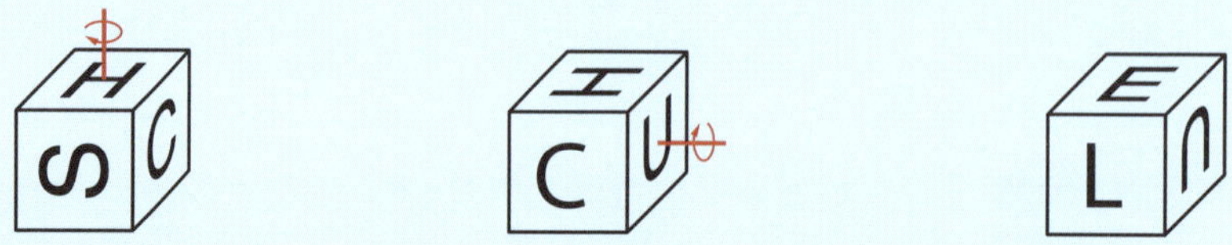

maximale Punktzahl 6

7 **Ergänze an den roten Linien so, dass ein Quadernetz entsteht.**

a)

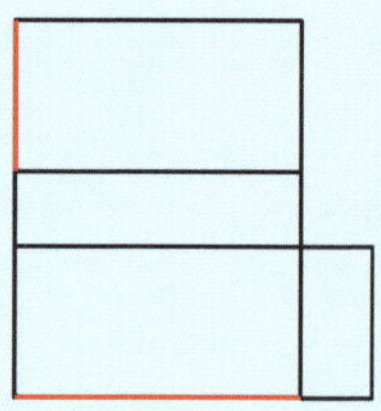

b)

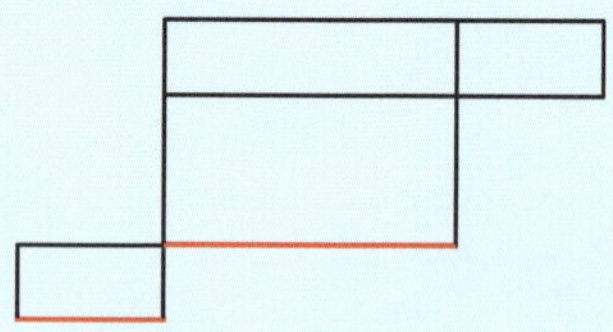

maximale Punktzahl 4

8 **Das abgebildete Quadernetz wird so zusammengefaltet, dass die grünen Linien im entstehenden Quader außen sichtbar sind. Welche der drei Quader passen zu dem Netz?**

Siehe auch den **Tipp** auf Seite 99.

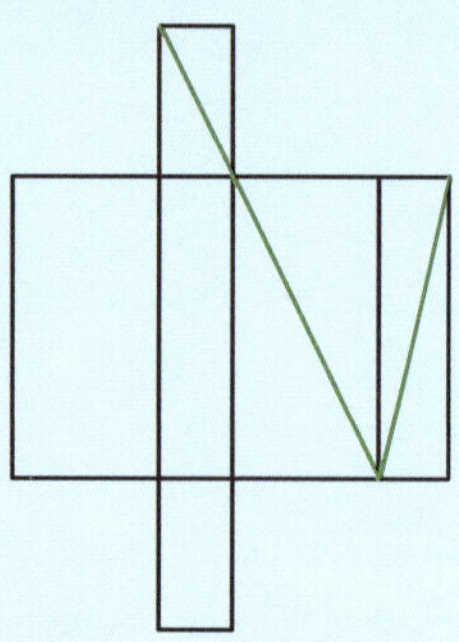

a)

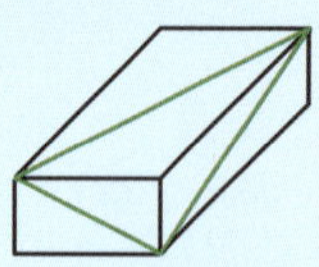

b)

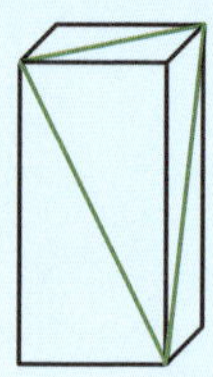

c)

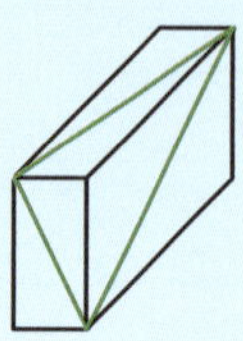

maximale Punktzahl 6

Gesamtpunktzahl .... von 40

Lernplaner

Kontrolliere deine Ergebnisse mithilfe der Lösungen (Seite 126) und addiere die erreichten Punkte.

☐ 40 bis 32 Punkte: ☺ ☐ 31 bis 20 Punkte: 😐 ☐ 19 bis 0 Punkte: ☹

Abschlusstest

A Zahlen und Grundrechenarten

1 Fülle die 5 Kästchen mit den passenden Zahlen aus.

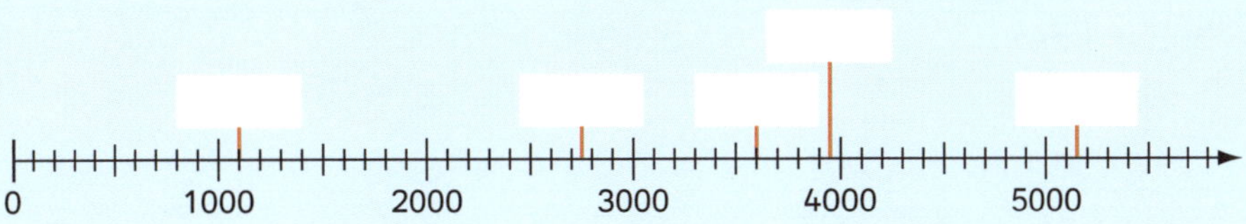

Hinweis: Pfeile, die nicht genau auf einen Strich zeigen, sollen genau die Mitte zwischen zwei Strichen kennzeichnen.

maximale Punktzahl 5

2 Berechne das Ergebnis im Kopf.

a) 4800 – 13 = ...
b) 11 800 + 700 = ...
c) 483 + 50 = ...
d) 72 300 – 190 = ...
e) 2700 : 9 = ...
f) 3100 · 5 = ...
g) 6000 : 20 = ...
h) 241 · 20 = ...
i) 4070 + ... = 4160
j) 230 · .... = 6900
k) .... – 43 = 3602
l) .... : 40 = 300

maximale Punktzahl 6

3 Führe eine Überschlagsrechnung durch. Runde dazu auf die fett markierten Stellenwerte und rechne dann mit den gerundeten Zahlen.

a) 7086 + 5933 ≈ .... = ...
b) 7180 – 4972 ≈ .... = ...
c) 296 · 21 ≈ .... = ...
d) 5874 : 59 ≈ .... = ...

maximale Punktzahl 4

Kontrolliere deine Ergebnisse mithilfe der Lösungen (Seite 127) und addiere die erreichten Punkte.

☐ 15 bis 12 Punkte: ☐ 11 bis 8 Punkte: ☐ 7 bis 0 Punkte:

Lernplaner

Gesamtpunktzahl .... von 15

B Schriftliche Rechenverfahren

Schreibe die Zahlen richtig untereinander und rechne aus.

4 a) 7368 + 4549 b) 396 + 2051

c) 14768 – 946 d) 8169 – 4783

maximale Punktzahl 4

5 a) 5871 + 19456 + 378 b) 14568 – 3195 – 978

maximale Punktzahl 2

6

a) 2 3 7 · 4 3 b) 5 1 0 7 · 7 3

c) 5 7 3 · 2 8 6 d) 4 0 9 2 · 5 0 8

maximale Punktzahl 4

7

a) 3941 : 7 =   b) 20358 : 29 =

maximale Punktzahl 2

8 Bei dieser Aufgabe bleibt ein Rest, z. B. 29 : 6 = 4 Rest 5.

104695 : 4 =

maximale Punktzahl 2

9 Berechne. Beachte die Regel „Punkt-vor-Strich".

a) $15 \cdot 8 - 5 \cdot 18 =$ ……………………

b) $29 - 3 \cdot 7 + 8 \cdot 4 =$ ……………………

c) $7 \cdot (32 - 9) + 63 : 7 =$ ……………………

maximale Punktzahl 6

10 Kreuze an, durch welche Zahlen der ersten Zeile die Zahlen der linken Spalte teilbar sind und begründe deine Entscheidung.

	2	3	4	5	6	9	10
201							
2345							
6048							

maximale Punktzahl 3

Kontrolliere deine Ergebnisse mithilfe der Lösungen (Seite 127) und addiere die erreichten Punkte.

☐ 23 bis 18 Punkte: ☐ 17 bis 12 Punkte: ☐ 11 bis 0 Punkte:

Lernplaner

Gesamtpunktzahl …………… von 23

Abschlusstest

C Größen

Nutze dein Heft für Nebenrechnungen.

11 **Schreibe das Ergebnis mit Komma als Euro-Betrag; z. B. 4,27 €.**

a) 78 ct + 2,08 € = ... € b) 5,70 € – 32 ct = ... €

c) 56 € + 12,84 € = ... € d) 9,78 € – 79 ct = ... €

e) 4 · 6,15 € = ... € f) 15,36 € : 3 = ... €

maximale Punktzahl 6

12 **Wie viel Flüssigkeit können die 3 Gefäße zusammen aufnehmen?**

Gefäß 1 = ... ml

Gefäß 2 = ... ml

Gefäß 3 = ... ml

.... ml

Es sind zusammen .... ml. Es sind zusammen .... l.

maximale Punktzahl 5

13 **An einem Tag werden 50 m Autobahn fertiggestellt. Wie lange dauert es, ein 30 km langes Teilstück der Autobahn fertigzustellen?**

Antwort: ....

maximale Punktzahl 2

14 **Carina trägt 8 Flaschen zu je 1,400 kg und ein 650 g schweres Brot. Wie viel kg trägt Carina?**

Antwort: ....

maximale Punktzahl 3

15 **Anfang und Ende finden am selben Tag statt. Fülle die Lücken aus.**

Anfang	8.10 Uhr	13.10 Uhr		10.45 Uhr	15.43 Uhr
Ende	13.43 Uhr		16.55 Uhr		19.06 Uhr
Dauer	...... h ...... min	3 h 15 min	4 h 19 min	5 h 40 min	...... h ...... min

maximale Punktzahl 5

Gesamtpunktzahl .... von 21

Kontrolliere deine Ergebnisse mithilfe der Lösungen (Seite 127) und addiere die erreichten Punkte.

☐ 21 bis 17 Punkte: ☐ 16 bis 11 Punkte: ☐ 10 bis 0 Punkte:

D Sachaufgaben

16 Ein ICE braucht für eine 900 km lange Strecke 6 Stunden Fahrzeit. Wie viele Kilometer legt er pro Stunde durchschnittlich zurück?

maximale Punktzahl 1

17 Ein Eisenbahnzug besteht aus 5 doppelstöckigen Waggons mit je 104 Sitzplätzen und 4 normalen Waggons mit je 66 Sitzplätzen. Wie viele Sitzplätze gibt es im gesamten Zug?

maximale Punktzahl 3

18 Eine Waschmaschine wird in einer 52,380 kg schweren Kiste angeliefert. Die Verpackung wiegt 3560 g. Wie schwer ist die Waschmaschine?

maximale Punktzahl 2

19 Um 9 Uhr brechen Jacob und Angelina in Behausen auf, um zur Sonnenalm zu wandern. Zur gleichen Zeit geht auch Ahmed aus Behausen Richtung Sonnenalm los. Ahmed läuft mit einer Geschwindigkeit von 5 km pro Stunde, Jacob und Angelina marschieren in einem Tempo von 6 km pro Stunde, legen aber zwei einstündige Pausen zur Erholung ein. Ahmed erreicht die Sonnenalm um 15 Uhr, ohne eine Pause gemacht zu haben. Wann kommen Jacob und Angelina dort an?

maximale Punktzahl 6

20 Leonie geht oft mit ihren Eltern im Wald spazieren. In einer Strichliste hat sie sich notiert, wie oft sie dabei welche Tiere beobachten konnte.

Tier	Reh	Wildschwein	Hase	Bussard	Eichhörnchen	Specht
Wie oft?	𝍸 𝍸 𝍸 |	||	𝍸 |	𝍸 𝍸 ||	||||	𝍸 |||

a) Welchem Tier begegnen sie am häufigsten, welchem am seltensten?
b) Erstelle eine Häufigkeitstabelle und ein Säulendiagramm.
c) Bewerte die Aussagen mit „richtig“ oder „falsch“. Begründe.
   (1) Einem Reh zu begegnen ist für Leonie doppelt so wahrscheinlich, wie einen Specht zu sehen.
   (2) Beim nächsten Mal kann Leonie ganz sicher kein Wildschwein beobachten.
   (3) In dem Wald gibt es keine Füchse.
d) Kann man anhand der Strichliste bewerten, wie oft Leonie mit ihren Eltern einen Waldspaziergang gemacht hat?

maximale Punktzahl 8

Kontrolliere deine Ergebnisse mithilfe der Lösungen (Seite 127/128) und addiere die erreichten Punkte.

☐ 20 bis 16 Punkte: ☐ 15 bis 10 Punkte: ☐ 9 bis 0 Punkte:

Lernplaner

Gesamtpunktzahl .... von 20

Abschlusstest

E Geometrie

21 Ist g senkrecht zu h? Benutze das Geodreieck, wenn du unsicher bist.

a) 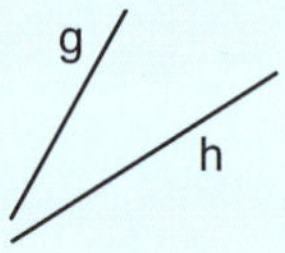

b) 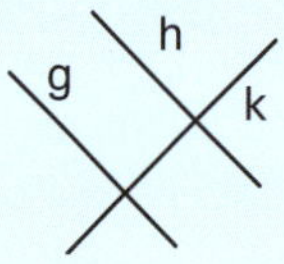

c) 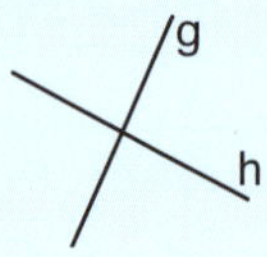

d) 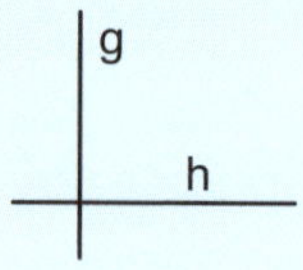

maximale Punktzahl 4

22 Ergänze zu einer symmetrischen Figur.

a) 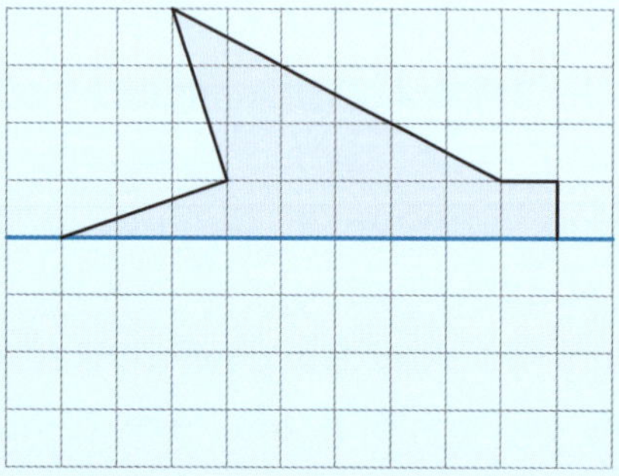

b) 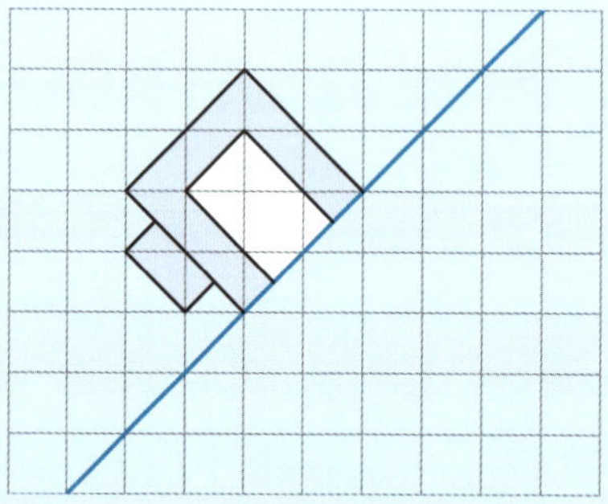

maximale Punktzahl 4

23 Die Fabrik ist im Maßstab 1 : 500 gezeichnet.

a) Wie hoch ist die Fabrik in Wirklichkeit? ....

b) Wie lang ist die Fabrik in Wirklichkeit? ....

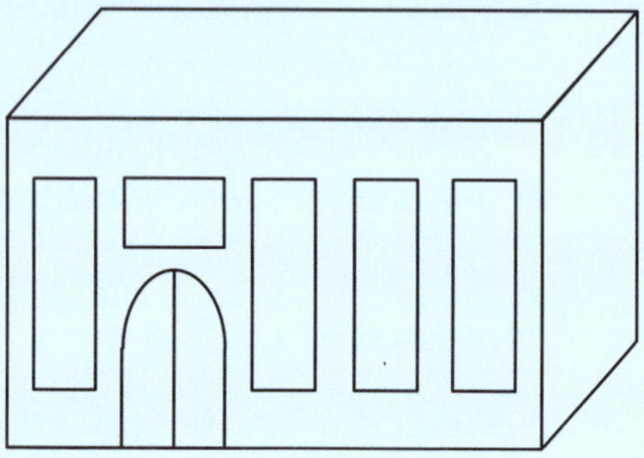

maximale Punktzahl 2

24 Kann man aus dem Netz einen Würfel falten?

a) 

b) 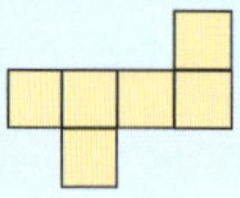

c) 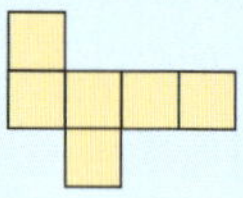

d) 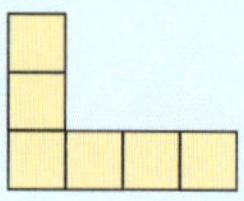

e) 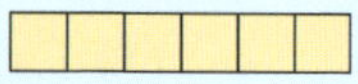

maximale Punktzahl 5

25 Zeichne ins Heft das Schrägbild eines Quaders mit 3 cm Länge, 3 cm Höhe und 2 cm Breite (Tiefe).
Eine Kästchendiagonale soll 1 cm entsprechen.

maximale Punktzahl 3

Gesamtpunktzahl .... von 18

Lernplaner

Kontrolliere deine Ergebnisse mithilfe der Lösungen (Seite 128) und addiere die erreichten Punkte.

- ☐ 18 bis 14 Punkte:
- ☐ 13 bis 9 Punkte:
- ☐ 8 bis 0 Punkte:

Einstiegstest, Seite 7 bis 12

Falls nicht anders angegeben, gibt es für jede Teilaufgabe bzw. jeden Teilschritt einen Punkt.

1 400; 1850; 3100; 4250; 5550

2 a) 5193 b) 10200
c) 3213 d) 16660
e) 600 f) 16800
g) 50 h) 9390
i) 90 j) 20
k) 5170 l) 10000
(je 0,5 P.)

3 a) 5400 + 6700 = 12100
b) 7000 − 6000 = 1000
c) 400 · 30 = 12000
d) 5400 : 600 = 9

4 a) 10055 b) 64300
c) 9368 d) 1580

5 a) 5368 b) 20215
c) 11737 d) 486

6 a) 20572 (2 P.) b) 32338 (2 P.)

7 a) 38056 b) 252044
c) 75082 d) 624335

8 a) 720 b) 82

9 21866 Rest 1 (2 P.)

10 a) 30 b) 88 c) 22 (je 2 P.)

11 a) 1278 : 2 geht auf, weil die letzte Ziffer (= 8) durch 2 teilbar ist.
b) 816 : 4 geht auf, weil die Zahl aus den beiden letzten Ziffer (= 16) durch 4 teilbar ist.
c) 461 : 5 geht nicht auf, weil die letzte Ziffer keine 0 oder 5 ist.
d) 759 : 3 geht auf, weil die Quersumme (7 + 5 + 9 = 21) durch 3 teilbar ist.
e) 820 : 10 geht auf, weil die letzte Ziffer eine 0 ist.
f) 5435 : 9 geht nicht auf, weil die Quersumme (5 + 4 + 3 + 5 = 17) nicht durch 9 teilbar ist. (je 0,5 P.)

12 a) 7,75 € b) 2,83 € c) 6,27 €
d) 13,55 € e) 21,72 € f) 13,05 €

13 $\overline{AB}$ = 1600 m; $\overline{BC}$ = 2500 m;
$\overline{CA}$ = 3250 m (je 0,5 P.)
Der Rundkurs ist 7350 m lang. (1 P.)
Der Rundkurs ist 7,350 km lang. (0,5 P.)

14 1 l = 1000 ml; 1000 ml : 50 ml = 20
Es können 20 Gläser gefüllt werden.

15 1300 g · 6 = 7800 g
7800 g + 750 g = 8550 g
Alles zusammen wiegt 8550 g
(oder 8,550 kg).

16

Anfang	9:30 Uhr	13:10 Uhr	**15:21 Uhr**
Ende	11:45 Uhr	**16:25 Uhr**	17:45 Uhr
Dauer	**2 h 15 min**	3 h 15 min	2 h 24 min

Anfang	11:55 Uhr	16:41 Uhr
Ende	**16:15 Uhr**	18:17 Uhr
Dauer	4 h 20 min	**1 h 36 min**

17 26 · 4,50 € = 117 € (2 P.)
(= Kosten für den Kinobesuch)
202 € − 117 € = 85 € (2 P.)
Am Donnerstagmorgen sind 85 € in der Klassenkasse.

18 a) 29640 : 12 = 2470 km (2 P.)
Es waren durchschnittlich 2470 km im Monat.
b) Pro Kilometer könnte Frau Schmidt 50 g Kohlendioxid einsparen. (1 P.)
Das sind bei 29640 Kilometer:
50 g · 29640 = 1482000 g = 1482 kg (1 P.)
Frau Schmidt würde 1482 kg (1 P.) (ca. 1,5 t) (1 P.) weniger CO_2-Ausstoß verursachen.

19 Zwei Elefanten brauchen täglich 120 kg (1 P.) Nahrung (= 2 · 60 kg). Das sind 120000 g (1 P.). Wenn eine Maus täglich nur 3 g frisst, könnte man mit 120000 g Nahrung täglich 40000 Mäuse (2 P.) (= 120000 g : 3 g) füttern.

20 Der ICE schafft 540 km in 3 Stunden; (3 · 180 km = 540 km) (2 P.)
Der Zug kommt um 12:10 Uhr im Zielbahnhof an. (2 P.)

21 a) Häufigkeitstabelle: (1 P.)

Sorte	Pfirsich	Schoko	Erdbeer
Wie oft?	6	11	9

Sorte	Banane	Himbeer	Vanille
Wie oft?	8	3	14

Säulendiagramm: (2 P.)

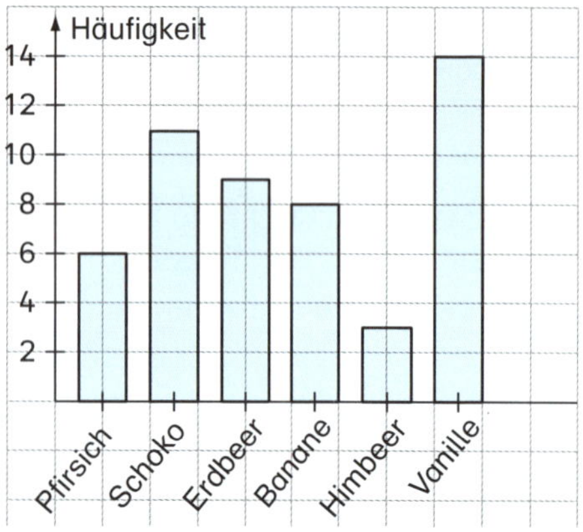

b) (1) Falsch, man kann nicht sicher sein.
(2) Richtig, Himbeer wird selten verlangt.
(3) Richtig, es wurde laut Strichliste doppelt so oft verlangt.

22 a) nein b) ja c) nein d) ja

23 a)

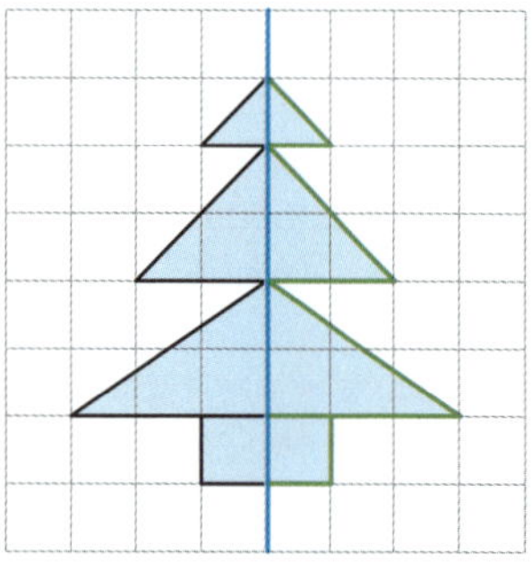

(2 P.)

b)

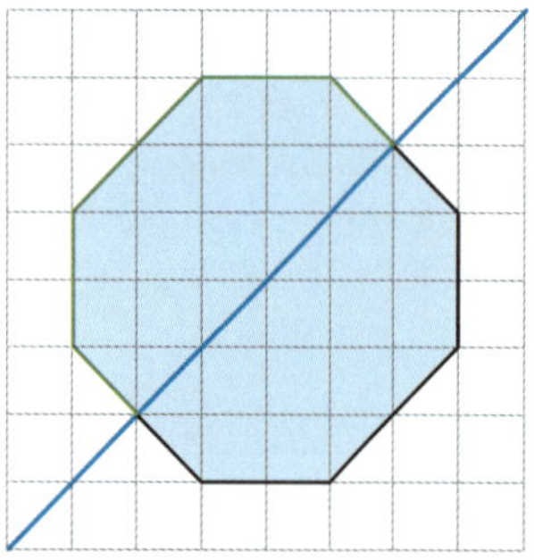

(2 P.)

24 Fliesen pro Reihe: 400 cm : 20 cm = 20
Anzahl der Reihen: 300 cm : 20 cm = 15
Anzahl aller Fliesen: 15 · 20 = 300

25 a) ja b) ja c) nein
d) nein e) ja

26

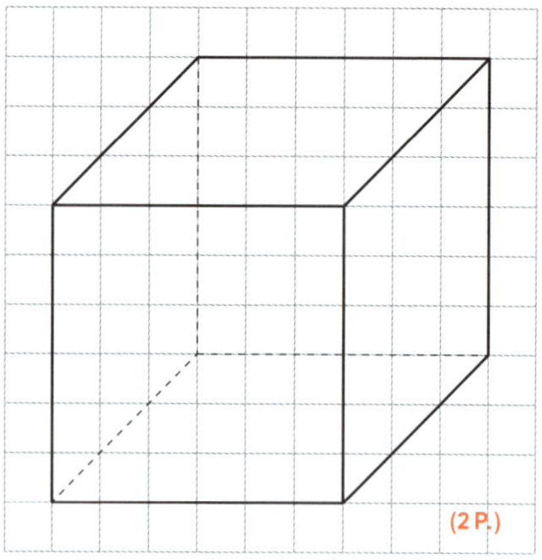

(2 P.)

Zahlen und Grundrechenarten, Seite 13 bis 22

1

	HT	ZT	T	H	Z	E
a)		1	7	0	1	6
b)	2	5	1	6	0	7
c)		2	4	8	3	9
d)	4	0	7	3	0	5

a) Siebzehntausendsechzehn
b) Zweihunderteinundfünfzigtausendsechshundertsieben
c) Vierundzwanzigtausendachthundertneununddreißig
d) Vierhundertsiebentausenddreihundertfünf

2 a) H b) T c) ZT d) Z

3 a) 35 000 b) 30 000
c) 25 000 d) 500 000
e) 10 000 f) 5680

4 a) 6665 km b) 6674 km

5 a) 5, 18, 23, 31, 39, 48
b) 110, 250, 340, 460
c) 6000, 18 000, 32 000, 45 000
d) 60 000, 180 000, 320 000, 450 000

6

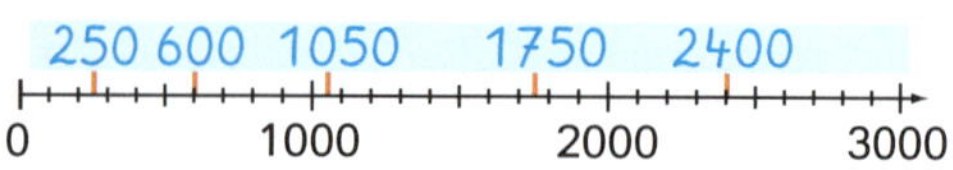

7 Vorüberlegung: Die Einteilung bei a) sind 10er-Schritte, bei b) 50er-Schritte, bei c) 30er-Schritte.

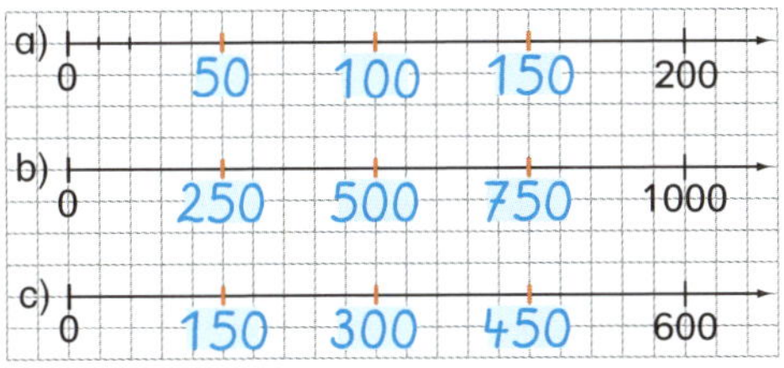

8 mögliche Lösung (es gibt mehrere Möglichkeiten):

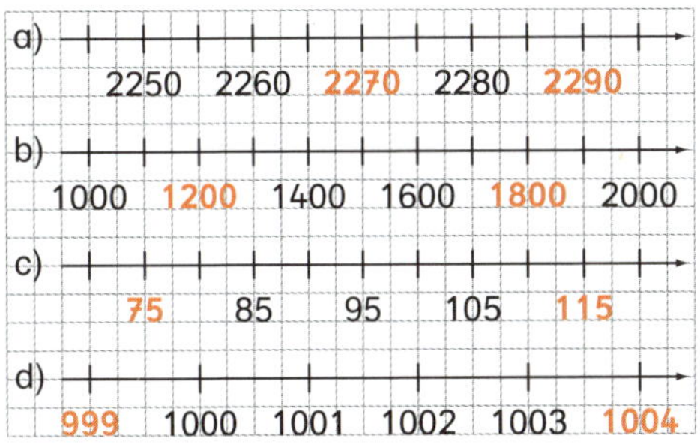

9 a) 80 + 5 = 85 b) 60 + 9 = 69
c) 60 + 10 = 70 d) 60 + 14 = 74
e) 50 + 12 = 62 f) 70 + 13 = 83

10 a) 8 + 8 = 16 b) 71 − 50 = 21
c) 9 + 15 = 24 d) 45 − 20 = 25
e) 7 + 21 = 28 f) 58 − 30 = 28
Hinweis: In a), c) und e) wurde von der kleineren Zahl auf die größere hochgezählt.

11 a) 90 b) 50 c) 390
d) 840 e) 640 f) 770
g) 510 h) 590 i) 430
j) 150 k) 80 l) 350

12 a) 590 b) 320 c) 830

13 220 $\xrightarrow{+50}$ **270** $\xrightarrow{+60}$ **330** $\xrightarrow{+80}$ **410** $\xrightarrow{-90}$ **320**

14 a) 72 b) 112 c) 112 d) 95
e) 117 f) 51 g) 108 h) 85
i) 128 j) 98 k) 108 l) 90

15 a) 480 b) 180 c) 560
d) 200 e) 420 f) 270

16 a) 60 b) 3 c) 2
d) 78 e) 5 f) 7
g) 88 h) 5 i) 5

17 a) 8; 6; 9; 9; 5; 6
b) 7; 8; 9; 6; 3; 3
c) 8; 4; 9; 5; 5; 3
d) 3; 8; 9; 7; 4; 8

18 a) 40 b) 500 c) 8000
d) 90 e) 400 f) 9000

19 a) 3 b) 8 c) 7
d) 5 e) 6 f) 6

20 a) 4800 : 60 = 480 : 6 = 80
b) 24 000 : 80 = 2400 : 8 = 300
c) 720 000 : 900 = 7200 : 9 = 800
d) 54 000 : 600 = 540 : 6 = 90

21 a) 60 b) 3 c) 7000
d) 200 e) 90 f) 60

22 Er braucht 5400 : 6 = 900 Sprünge.

23 Jeder bekommt 480 000 € : 8 = 60 000 €.

24

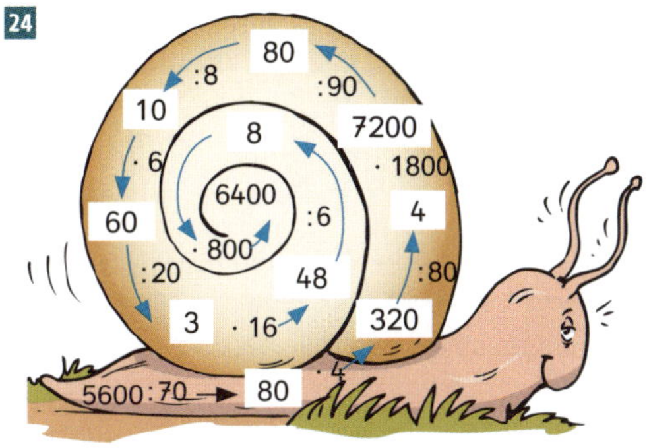

Zwischentest, Seite 22

Falls nicht anders angegeben, gibt es für jede Teilaufgabe bzw. jeden Teilschritt einen Punkt.

1 a) 7263 b) 95 039 c) 209 001

2 a) 50 000 b) 99 000
c) 74 900 d) 60 000

3 Der Jangtsekiang ist mindestens 6350 km lang, höchstens 6449 km lang.
(Seine tatsächliche Länge beträgt 6380 km.)

4 Die Zahlen lauten 55, 90, 205 und 275.

5

a) 105	b) 15	c) 120
d) 317	e) 161	f) 264
g) 120	h) 1170	i) 4
j) 40	k) 60	l) 90

6 20 · 62 ct + 10 · 45 ct
= 1240 ct + 450 ct (1 P.)
= 1690 ct = 16,90 € (1 P.)
Ben muss 16,90 € bezahlen.

Schriftliche Rechenverfahren, Seite 23 bis 45

1 a) 2775 b) 5391 c) 10 201

2

a) 5944	b) 7800	c) 7038
d) 7062	e) 2120	f) 9022

3 456 km + 589 km = 1045 km
Sie sind insgesamt 1045 km gefahren.

4 3473 € + 2328 € = 5801 €
An den beiden Tagen wurden insgesamt 5801 € eingenommen.

5

a) 930	b) 6025	c) 63 081
d) 9717	e) 15 504	f) 13 642

6 a) 24 640 b) 89 941

7 874 € + 256 € + 630 € = 1760 €
Frau Taubert hat im Urlaub 1760 € ausgegeben.

8 897 + 723 + 984 + 653 = 3257
Es haben insgesamt 3257 Zuschauer die Vorstellung besucht.

9

				[1] 2				
			[2] 2	3	[3] 8			
		[4] 2	7	8	7	[5] 2		
	[6] 7	3	0		[7] 2	9	[8] 7	
[9] 8	5	1				[10] 9	2	3
	[11] 3	6	[12] 4		[13] 9	4	1	
		[14] 6	3	[15] 7	5	7		
			[16] 6	0	2			
				5				

10 a) 253 b) 2124 c) 291

11

a) 5331	b) 344	c) 2223
d) 218	e) 577	f) 357

12 Rechne 674 − 342 = 332.
Es sind 332 Jungen an der Schule.

13 Rechne 1876 − 1687 = 189.
Der Unterschied beträgt 189 €.

14
a) 3541 − 652 − 583 = 2306
b) 9638 − 2453 − 685 = 6500
c) 12 642 − 6321 − 745 = 5576
d) 34 208 − 15 632 − 9426 = 9150

15
a) 24 378 − 3750 − 14 735 = 5893
Der Rest beträgt 5893 €.
b) 2140 − 320 − 425 − 235 = 1160
Der Rest beträgt 1160 €.
c) 4675 − 670 − 368 − 796 = 2841
Der Rest beträgt 2841 €.
d) 1425 − 499 − 158 − 99 = 669
Der Rest beträgt 669 €.
e) 3250 − 550 − 1924 − 286 = 490
Der Rest beträgt 490 €.

16

a) 16 315	b) 9648	c) 15 560
d) 872	e) 5824	f) 8418
g) 11 400	h) 23 418	i) 21 182

17

a) 72 540	b) 718 000
c) 2 107 200	d) 2 415 000

18
a) 475 · 60 = 28 500
b) 3526 · 30 = 105 780
c) 23 526 · 500 = 11 763 000

19 2278 · 3 = 6834
Julia läuft 6834 m in einer Woche.

20

a) 1482	b) 1776
c) 3484	d) 116 844
e) 54 524	f) 19 536

21
a) 549 · 34 = 18 666
b) 493 · 367 = 180 931

22 a) 252 390 b) 147 492

23

a) 252 252	b) 450 384
c) 1 173 600	d) 288 230
e) 36 639	f) 233 910

Lösungswort: **KLASSE**

24

a) 1613	b) 1231
c) 1213	d) 10 563

25 a) 5267 b) 2584

26 a) 1305 b) 1049

27 a) 1347 Rest 3 b) 4782 Rest 7

28 a) 3472 b) 3462

29 a) (14 + 8) − (12 + 7) = 22 − 19 = 3
b) 8 · 9 − 7 · 7 = 72 − 49 = 23
c) 23 − 5 · 3 − 2 · 3 + 1
= 23 − 15 − 6 + 1
= 8 − 6 + 1 = 3
d) (23 − 5) · 3 − 2 · (3 + 1)
= 18 · 3 − 2 · 4
= 54 − 8 = 46
e) (4 + 5 · 5) − 7 · (15 − 12)
= (4 + 25) − 7 · 3
= 29 − 21 = 8
f) ((32 − 8) : 4) + 12 : 3 + 1
= (24 : 4) + 4 + 1
= 6 + 4 + 1 = 11

30 a) 9 − 12 + 17 + 23 − 6 − 14
= (9 + 17 + 23) − (12 + 6 + 14)
= 49 − 32 = 17
b) 42 − 13 − 23 − 2 − 4
= 42 − (13 + 23 + 2 + 4)
= 42 − 42
= 0
c) 58 + 27 − 33 + 21 − 53 − 12
= (58 + 27 + 21) − (33 + 53 + 12)
= 106 − 98
= 8
d) 101 − 79 − 27 + 223 − 116 + 9
= (101 + 223 + 9) − (79 + 27 + 116)
= 333 − 222
= 111

31

	2	3	4	5	6	9	10
81		x				x	
95				x			
672	x	x	x		x		
5310	x	x		x	x	x	x
1340	x		x	x			x

Begründungen: **81** ist durch 3 und durch 9 teilbar, weil die Quersumme 8 + 1 = 9 durch 3 und durch 9 teilbar ist.
95 ist teilbar durch 5, weil die letzte Ziffer 5 ist.
672: Die letzte Ziffer ist durch 2 teilbar. Die Quersumme 15 ist durch 3 teilbar. Die Zahl aus den beiden letzten Ziffern (= 72) ist durch 4 teilbar. Teilbar durch 6, weil teilbar durch 2 und 3.
5310: Letzte Ziffer ist 0 (teilbar durch 2, durch 5 und durch 10). Die Quersumme ist 9 (teilbar durch 3 und 9). Teilbar durch 6, weil teilbar durch 2 und 3.
1340: Letzte Ziffer ist 0 (teilbar durch 2, durch 5 und durch 10). Die Zahl 40 (zwei letzten Ziffern) ist durch 4 teilbar.

Zwischentest, Seite 44 bis 45

Falls nicht anders angegeben, gibt es für jede Teilaufgabe bzw. jeden Teilschritt einen Punkt.

1 a) 44677 b) 36818 c) 4186
(je 2 P.)

2 a)

		188		
	84	104		
	37	47	57	
16	21	26	31	
7	9	12	14	17

b)

1275	383	157	83	27
892	226	74	56	
666	152	18		
514	134			
380				

(je 0,5 P.)

3 3545 € + 257 € = 3802 €
Ihr neues Monatsgehalt beträgt 3802 €.
3802 € · 12 Monate = 45624 €
Ihr Jahresgehalt beträgt 45624 €.

4 a)

		7	3	5	8
+		2	6	6	7
		1	1	1	
	1	0	0	2	5

b)

	4	3	2	1
−	3	6	7	8
	1	1	1	
		6	4	3

5 a) 613536 b) 244776 c) 354750

6 a) 835 b) 985

7 a)

4	9	3	9	2	:	1	6	=	3	0 8	7
4	8										
	1	3									
−	0	0									
	1	3	9								

An der angezeichneten Stelle muss nach der 3 im Ergebnis eine 0 stehen, da 13 nicht durch 16 teilbar ist.
Folglich ist das richtige Ergebnis **3087**.

8 a) 154 b) 26 c) 10 (je 2 P.)

9 40 716 ist
- **durch 2** teilbar, weil die letzte Ziffer durch 2 teilbar ist.
- **durch 3** und **durch 9** teilbar, weil die Quersumme (= 18) durch 3 und durch 9 teilbar ist.
- **durch 6** teilbar, weil 40 716 durch 2 und durch 3 teilbar ist.
- **durch 4** teilbar, weil 16 (die letzten zwei Ziffern) durch 4 teilbar ist.

(2 P. wenn alle erkannt wurden,
1 P. weniger für jede nicht erkannte Teilbarkeit)

Größen, Seite 46 bis 68

1 a) 700 ct b) 1800 ct c) 24 700 ct
d) 16 € e) 340 € f) 6 €

2 a) 15 € 29 ct b) 4 € 5 ct c) 46 ct
d) 7 € e) 8 ct

3 a) 6,31 € b) 59,74 € c) 4,80 €
d) 4,05 € e) 0,05 € f) 0,83 €

4 a) 6804 ct b) 0,78 €
c) 72,08 € d) 0,03 €

5 a) 294,94 € b) 75,87 € c) 62,85 €
d) 27,75 € e) 33,24 € f) 36,41 €

6 a) 46,08 € b) 107,92 € c) 2,35 €
d) 38,48 € e) 8 f) 6

7 1 ct + 2 ct + 5 ct + 10 ct + 20 ct + 50 ct
+ 1 € + 2 € + 5 € + 10 € + 20 € + 50 €
+ 100 € + 200 € + 500 €
= 88 ct + 888 € = 88 888 ct = 888,88 €

8 8,32 € − 245 ct = 8,32 € − 2,45 € = 5,87 €

9 Die Lehrerin sammelt 3,75 € · 24 = 90 € ein.

10 a) 48,5 cm b) 0,78 dm
c) 730 cm d) 0,82 m
e) 410 mm f) 5 dm = 50 cm

11 a) 208 mm b) 12 027 mm
c) 85 mm d) 45 cm

12 a) 200 cm + 18 cm = 218 cm
b) 800 cm + 5 cm = 805 cm
c) 1200 mm + 90 mm + 4 mm = 1294 mm
d) 15 000 mm + 25 mm = 15 025 mm

13 a) 4,61 m b) 7,03 dm
c) 4,11 m d) 1,49 m
e) 25,68 m f) 98,8 dm
g) 4,38 m h) 1,384 m

14

10 km	1 km	100 m	10 m	1 m	in
1	3	8	7	0	13 870 m
	7	0	3	2	7032 m
			7	5	0,075 km
	2	6	5	0	2,650 km
		1	2	0	0,120 km

15 a) 34 000 m b) 25 750 m
c) 50 300 m d) 90 m

16 Björn: 8230 m Hanna: 23 060 m
Daniel: 19 600 m Timm: 142 810 m

17 a) 2,931 km b) 0,483 km
c) 15,6 km d) 0,007 km

18 25 g: Brief
100 g: Schokolade
250 g: Glas oder Brot
500 g: Glas oder Brot
1 kg: Milch
5 kg: Kartoffeln oder Rucksack
15 kg: Kartoffeln oder Rucksack
3 t: Nashorn

19

	1 t	100 kg	10 kg	1 kg	100 g	10 g	1 g	
a)				7	2	5	0	7250 g
b)	5	0	7	5				5075 kg
c)	0	0	4	5				0,045 t
d)	7	5	0	0				7,500 t
e)				6	2	8	5	6,285 kg
f)		2	5	0	0	2	5	250,025 kg

20 a) 17 000 kg b) 12 439 g c) 7800 g
d) 4050 g e) 5500 kg f) 30 090 g

21 a) 2150 g b) 7090 kg
c) 25 008 g d) 11 050 g

22 a) 32 kg b) 2,760 t
c) 123,907 kg d) 0,307 t
e) 0,050 kg f) 0,009 kg

23 a) 5,810 t b) 3,574 kg
c) 5,288 kg d) 768 kg (= 0,768 t)

24 a) Gesperrt für Fahrzeuge über 7,5 t.
b) 4600 kg + 2,8 t = 4,6 t + 2,8 t = 7,4 t
Der Lkw darf über die Brücke fahren.

25 Es ist 703 kg + 497 kg = 1200 kg = 1,2 t
Die anderen Kisten ergeben zusammen genau 1999 kg = 1,999 t und können somit (gerade noch) auf L2 geladen werden.

26 a) 12,6 t b) 6456 kg (= 6,456 t)
c) 2,453 kg d) 12,405 t

27 132 g · 60 = 7920 g
7920 g + 230 g = 8150 g = 8,150 kg
Der volle Karton wiegt 8,15 kg.

28 a) 5000 ml b) 12 856 ml
c) 500 ml d) 750 ml
e) 5020 ml f) 2008 ml
g) 350 ml h) 700 ml

29 a) 3,560 l (3,56 l) b) 8,42 l
c) 4,8 l d) 0,6 l
e) 0,125 l f) 0,08 l
g) 0,4 l h) 720 l

30 5 · 250 ml + 750 ml
= 1250 ml + 750 ml
= 2000 ml
= 2 l
Rafael hat 2 l getrunken.

31 Cola (1500 ml), Orangensaft (1000 ml), Essig (750 ml), H-Milch (500 ml), Saure Sahne (250 ml), Haarspray (150 ml) und Mückenmittel (75 ml)

32 … Februar, März, April, …, Juni, …, August, September, …, November, Dezember.

33 Monate mit 31 Tagen:
Januar, März, Mai, Juli, August, Oktober und Dezember.
Monate mit 30 Tagen:
April, Juni, September und November.

34 a) 4 (außer Februar: genau 4 Wochen)
b) 52
c) 2012, 2016, 2020
d) Es vergehen fünf Jahre, wobei eines (2012) ein Schaltjahr ist.
Also:
5 · 365 Tage + 1 Tag = 1826 Tage

35 a) 2016 ist ohne Rest durch 4 teilbar:
2016 : 4 = 504
b) Der 3. Oktober ist ein Montag, Silvester ein Samstag.
c) 3. April bis 11. Mai: 38 Tage
17. Juni bis 3. Nov.: 139 Tage
28. Feb. bis 7. Okt.: 222 Tage
d) 91 Tage

36 a) 60 · 60 = 3600;
eine Stunde hat 3600 s.
b) 24 · 60 = 1440; ein Tag hat 1440 min.
c) 1440 · 60 = 86 400; ein Tag hat 86 400 s.

37 a) 1 h = 60 min = 3600 s
b) $\frac{1}{4}$ h = 15 min = 900 s
c) $\frac{3}{4}$ h = 45 min = 2700 s
d) $\frac{1}{2}$ h = 30 min = 1800 s
e) $1\frac{1}{2}$ h = 90 min = 5400 s
f) $2\frac{1}{4}$ h = 135 min = 8100 s

38 50 min : 2 min = 25
25 · 350 m = 8750 m = 8,75 km
Der Weg um den See ist 8,75 km lang.

39 a) In 1 min legt der ICE 4 km zurück.
Somit schafft er in 1 h (= 60 min) eine Strecke von 60 · 4 km = 240 km.
b) 300 km : 60 = 5 km in einer Minute
5 km : 2 = 2,5 km
Er legt dann in einer halben Minute 2,5 km zurück.

40

Std.	von	bis	Fach
1.	8:00	8:45	Sport
2.	8:50	9:35	Sport
3.	9:55	10:40	Deutsch
4.	10:45	11:30	Mathematik
5.	11:50	12:35	Musik
6.	12:40	13:25	Sachkunde

41 a) Von 8:52 Uhr bis 9:07 Uhr sind es 15 Minuten.
b) Von 10:02 Uhr bis 11:45 Uhr sind es 1 h 43 min.
c) Hin: Von 9:07 Uhr bis 10:02 Uhr sind es 55 min.
Zurück: Von 11:45 Uhr bis 12:48 Uhr sind es 1 h 3 min = 63 min.
d) Unterschied: 8 min

42	a)	b)	c)	d)
Anfang	10:15 Uhr	11:43 Uhr	12:16 Uhr	**13:22 Uhr**
Dauer	**3h 12min**	**5h 19min**	2h 11min	3h 58min
Ende	13:27 Uhr	17:02 Uhr	**14:27 Uhr**	17:20 Uhr

43 a) 3h 12min b) 5h 15min
c) 9h 34min d) 21min 25s

Zwischentest, Seite 68

Falls nicht anders angegeben, gibt es für jede Teilaufgabe bzw. jeden Teilschritt einen Punkt.

1 a) 750cm b) 82mm
c) 0,25m d) 0,725m
e) 2480m f) 3,5km

2 a) 15,25€ b) 18,50€
c) 203,20€ d) 49,45€

3 3 · 1,75€ + 7 · 65ct
= 525ct + 455ct (1 P.)
= 980ct
= 9,80€ (1 P.)
Joshua bekommt 0,20€ zurück. (1 P.)

4 4 · 7 = 28 Tage
28 · 2450m = 68600m = 68,6km

5 a) 3200kg b) 0,750kg
c) 54700g d) 5,085t
e) 0,042t f) 5kg = 5000g

6 12 · 1,5l + 3 · 500ml + 2 · 350ml + 0,75l
= 18000ml + 1500ml + 700ml + 750ml
= 20950ml
= 20,95l
Herr Wassmann hat 20,95l Flüssigkeit eingekauft.

7 a) 5 · 24h + 12h = 132h
b) 180min + 27min = 207min
c) 45min
d) 45s
e) 5h 25min
f) 5h 24min

Sachaufgaben, Seite 69 bis 85

1 785 km + 875 km = 1660 km
Sie fahren insgesamt 1660 km.

2 176 · 45 min = 7920 min
a) Es waren insgesamt 7920 Minuten Mathematikunterricht.
b) Das waren 7920min : 60 = 132 Zeitstunden.

3 10,5t = 10500kg
10500kg : 750kg = 14
Der Lkw muss 14-mal fahren.

4 15680l – 4870l = 10810l
Danach sind noch 10810l Heizöl im Tanklastwagen.

5 4138€ – 2475€ = 1663€
Es fehlen noch 1663€.

6 331 – 179 + 1 = 153
(wenn Anfangs- und Endseite gelesen werden, muss man zur Differenz der Seitenzahlen noch „1" dazuzählen.)
Laura hat 153 Seiten gelesen.

7 4500€ : 750 = 6€
Am Mittwoch betrug der Eintrittspreis 6€.

8 672€ + 56€ = 728€
Der neue Kontostand ist 728€.

9 23cm · 35 = 805cm
Sie kann damit eine 8,05m lange Strecke legen.

10 10000m : 400m = 25
Die Läufer müssen 25 Runden zurücklegen.

11 5,10m = 510cm; 510cm : 34cm = 15
Der Schreiner erhält 15 Bretter.

12 85cm + 60cm + 85cm + 60cm = 290cm
Der Rahmen ist insgesamt 2,90m lang.

13 25 · 30 = 750
Das Kino hat insgesamt 750 Plätze.

14 Breite aller Zaunlatten:
25 · 15cm = 375cm
Es gibt nur 24 Lücken, wenn der Zaun mit einer Latte beginnen und enden

soll. Die Breite aller Lücken ist also
24 · 45 cm = 1080 cm.
Gesamtlänge:
375 cm + 1080 cm = 1455 cm = 14,55 m
Der Zaun wird 14,55 m lang.

15 12 : 3 = 4;
2550 km · 4 = 10 200 km;
Das Flugzeug schafft in 12 Stunden 10 200 km.

16 60 : 5 = 12;
12 · 2 Tage = 24 Tage;
Herr Bader war 24 Tage verreist.

17 24 : 8 = 3
3 · 85 ct = 255 ct = 2,55 €;
Es kostet 2,55 €.

18 6,50 € : 5 = 1,30 € für 1 kg Kartoffeln
1,30 € · 8 = 10,40 € für 8 kg Kartoffeln
8 kg derselben Sorte kosten 10,40 €.

19 6600 km : 5 = 1320 km im Monat
1320 km · 12 = 15 840 km in einem Jahr
Im Jahr werden es ungefähr 15 840 km sein.

20 1820 l : 7 = 260 l in 1 Stunde
260 l · 31 = 8060 l in 31 Stunden
Es verbraucht 8060 l Diesel.

21 106,20 € : 9 = 11,80 € für einen Taschenrechner
11,80 € · 14 = 165,20 € für 14 Taschenrechner
14 Taschenrechner desselben Typs kosten 165,20 €.

22 a) 18 Tische · 30 = 540 Tische
Es stehen 540 Tische in den 30 Klassenräumen.
b) 3 € · 4 = 12 €
Man muss 12 € bezahlen.
c) 50 Kirschen · 8 = 400 Kirschen
Es sind 400 Kirschen in 8 Schalen.
d) Der Lehrer bekommt 8 € · 25 = 200 € von den Kindern.
e) Frau Müller bekommt
12 € · 20 = 240 € von den Kindern.
f) 5 Kilo Pflaumen kosten
1,80 € · 5 = 9 €.
g) Nach 50 km hat das Auto
130 g · 50 = 6500 g = 6,5 kg Kohlendioxid ausgestoßen.

23 6 · 500 g = 3000 g; 3000 g : 15 = 200 g
Frau Kranz hat pro Person durchschnittlich 200 g Erdbeeren eingekauft.

24 7 · 2,10 € = 14,70 €
14,70 € + 1,80 € = 16,50 €
20 € − 16,50 € = 3,50 €
Die Verkäuferin gibt ihr 3,50 € zurück.

25 6 · 1,90 € = 11,40 €
4 · 2,80 € = 11,20 €
11,40 € + 11,20 € = 22,60 €
Herr Schmidt gibt insgesamt 22,60 € aus.

26 a) Zusammen werden von beiden Familien pro Stunde 3 km + 4 km = 7 km der Wanderroute zurückgelegt.
Beim Treffpunkt wurde insgesamt die ganze Strecke (= 21 km) durchschritten. Also treffen sich beide Familien nach 21 : 7 = 3 Stunden.
b) Familie Angerer:
3 km · 3 = 9 km
Familie Pausewang:
4 km · 3 = 12 km

27 Häufigkeitstabelle:

Farbe	rot	blau	schwarz
Wie oft?	7	10	4

Farbe	grün	silber	gelb	sonstige
Wie oft?	1	11	5	2

Säulendiagramm:

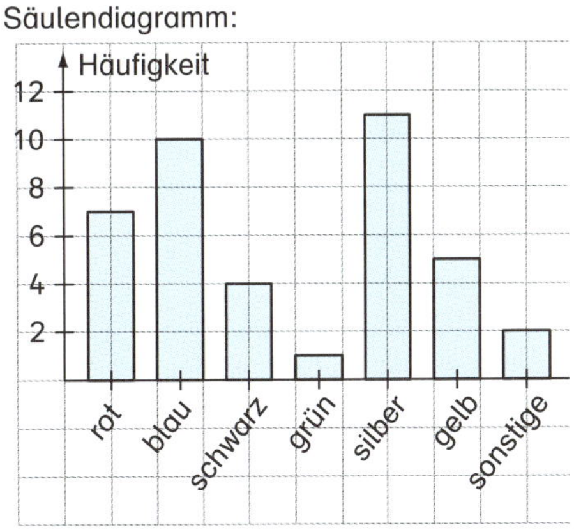

28 a)

Note	1	1,5	2	2,5	3	3,5
Anzahl						

Note	4	4,5	5	5,5	6
Anzahl					

b) Insgesamt muss die Lehrerin bzw. der Lehrer so viele Striche machen, wie Schülerinnen und Schüler die Klassenarbeit mitgeschrieben haben.

29 a) immer
b) hoch
c) wahrscheinlich nicht
d) eher gering

30 a) A: Falsch, denn die Augensumme 7 kann nie erscheinen.
B: Richtig, denn die Augensumme 4 erscheint am häufigsten (28-mal).
C: Falsch, die Größe der Augensumme gibt nicht die Wahrscheinlichkeit dafür an, dass diese Augensumme erscheint.
b) Julias Freundin hat nicht recht.
Denn welche Augensumme als nächstes erscheint, hängt vom Zufall ab und kann nie ganz sicher vorhergesagt werden.
c) Die Augensumme 4 erscheint bei folgenden Fällen: (1; 3), (2; 2), (3; 1),
Die erste Zahl in der Klammer gibt die Zahl von Glücksrad 1 an.
Die zweite Zahl in der Klammer steht für die Zahl von Glücksrad 2.
Da es für die anderen Augensummen weniger Möglichkeiten gibt, sind sie weniger wahrscheinlich als die Augensumme 4.
Augensumme 2: (1; 1)
Augensumme 3: (1; 2) und (2; 1)
Augensumme 5: (2; 3) und (3; 2)
Augensumme 6: (3; 3)
Demnach müssen die Augensummen 2 und 6 mit der gleichen Wahrscheinlichkeit eintreten.
Die Augensummen 3 und 5 sind ebenfalls gleich wahrscheinlich und jeweils doppelt so wahrscheinlich wie die Augensumme 2 bzw. 6.

Hinweis: Würdest du das Zufallsexperiment ganz oft durchführen (1000-mal und mehr), könntest du ziemlich genau dieses Verhältnis der Wahrscheinlichkeiten beobachten.

31 a) 131 + 137 + 149 + 122 + 156 + 175 = 870;
die Summe aller Tageseinnahmen beträgt 870 €.
Da es 6 Messwerte gibt, muss man durch 6 teilen:
870 € : 6 = 145 €.
Der Bäcker nimmt im Durchschnitt 145 € pro Tag ein.
b) Am Samstag kaufen viele Leute für das Wochenende ein, oder haben frei und Zeit, zum Bäcker zu gehen.

32 a) 137 + 145 + 132 + 142 = 556
Die Summe der Körpergrößen beträgt 556 cm. Den Durchschnitt erhält man, indem man durch 4 teilt:
556 cm : 4 = 139 cm
Die durchschnittliche Größe beträgt 139 cm.
b) Am stärksten weicht Simon mit 7 cm vom Durchschnitt ab.
139 cm − 132 cm = 7 cm
c) Um einen aussagekräftigen Durchschnittswert zu bekommen, müsste man die Körpergrößen von sehr viel mehr Jungen desselben Alters messen und daraus den Durchschnitt berechnen.

Zwischentest, Seite 84 bis 85

Falls nicht anders angegeben, gibt es für jede Teilaufgabe bzw. jeden Teilschritt einen Punkt.

1 Man muss 15 cm · 248 = 3720 cm hoch steigen. Das sind 37,20 m.

2 493 € : 29 = 17 €
Jedes Kind muss 17 € bezahlen.

3 148 kg − 85 kg = 63 kg
Frau Schmitz wiegt 63 kg.

4 29 · 9,80 € = 284,20 €
284,20 € + 12,30 € = 296,50 €
Die Gesamtrechnung beträgt 296,50 €.

5 135 km : 5 km = 27
27 · 6 l = 162 l (= Verbrauch auf 135 km)
250 l − 162 l = 88 l
Danach waren noch 88 l Benzin im Tank.

6 Sebastian braucht
(336 : 12) Tage = 28 Tage.
Anja braucht (336 : 16) Tage = 21 Tage.

28 Tage − 21 Tage = 7 Tage
Anja hat das Buch 7 Tage früher als Sebastian ausgelesen.

7 a)

Wetter	sonnig	wech-selhaft	be-wölkt	reg-nerisch
Wie oft?				

b) Wie viele Striche du zu den einzelnen Bewertungen des täglichen Wetters machst, hängt natürlich von deinem Wohnort ab und davon, wann und wie lange du das Wetter beobachtest.

8 Häufigkeitstabelle: (1 P.)

Dosen	0	1	2
Wie oft?	2	6	8

Dosen	3	4	5	6
Wie oft?	10	13	7	4

Säulendiagramm: (2 P.)

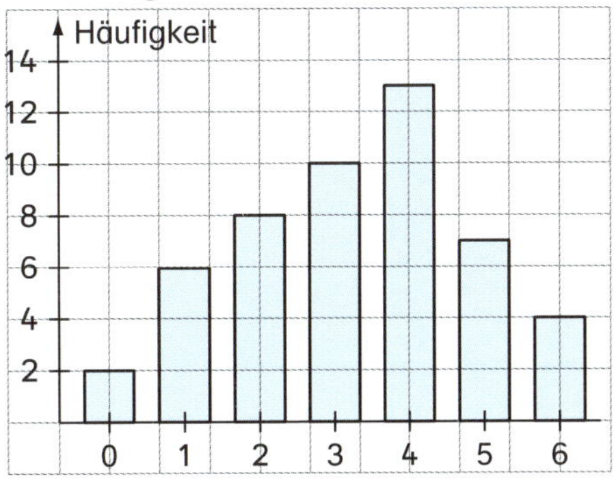

b) A: Richtig, weil 4 Treffer am häufigsten vorkommen.
B: Falsch, auch wenn Gül nur zwei Fehlwürfe hatte, kann man nicht völlig ausschließen, dass sie beim nächsten Wurf keine Dose trifft.
C: Richtig, denn Gül hat dreimal so oft eine Dose getroffen wie keine Dose.

9 Summe der Geschwindigkeiten (ohne Einheiten): 65 + 52 + 72 + 57 + 68 + 74 + 53 + 48 + 62 + 59 = 610
Den Durchschnitt erhält man, indem man durch 10 teilt: 610 : 10 = 61
Die Durchschnittsgeschwindigkeit beträgt 61 km/h, das sind 11 km/h mehr als erlaubt.

Geometrie, Seite 86 bis 106

1 a) $\overline{AB}$ = 3,5 cm b) $\overline{AB}$ = 4,5 cm
(hier ohne Zeichnung: prüfe selbst mithilfe des Geodreiecks)

2 Hier nur eine von vielen Möglichkeiten. (Die Grafik ist auf die Hälfte verkleinert.)

3 Die Geraden bei a), b) und c) stehen senkrecht zueinander.

4 Lösungswort: GEODREIECK

5 a) Rechteck
b) nichts von beiden
c) Rechteck
d) Quadrat
e) Quadrat
f) nichts von beiden

6 Schneide die gezeichneten Rechtecke aus. Sie sind richtig, wenn sie genau auf die Originale im Buch passen.

7 Die Abbildung hier ist auf die Hälfte verkleinert. Zähle die Kästchen oder lass von jemandem nachmessen.

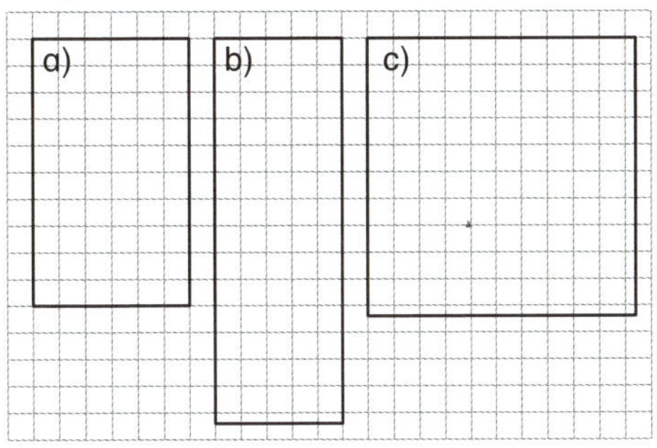

8 a)

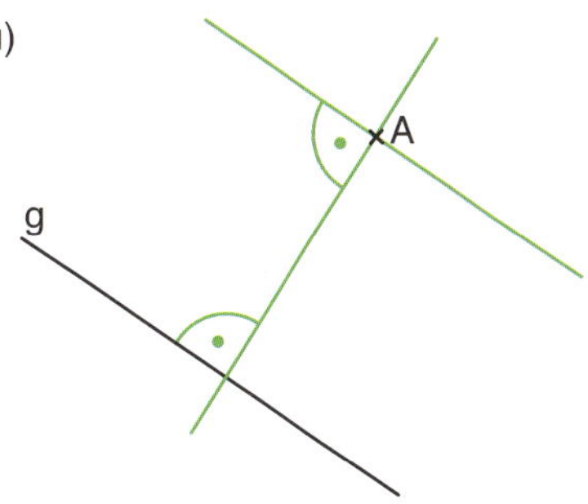

b)

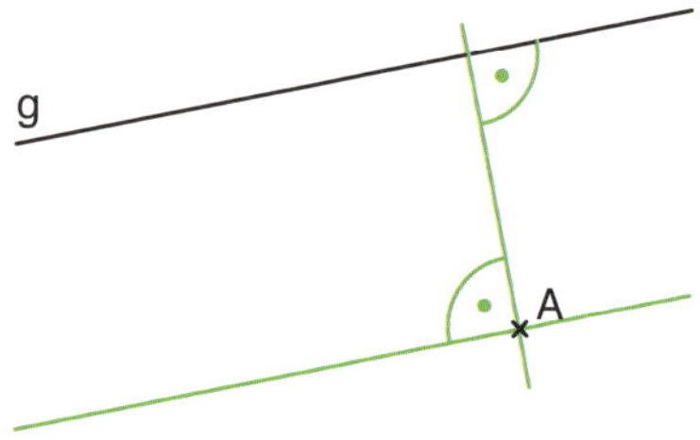

9 Begründung: $\overline{AB}$ und $\overline{CD}$ sind parallel, weil sie z. B. $\overline{BC}$ als gemeinsame Senkrechte haben. Auch $\overline{AD}$ und $\overline{BC}$ haben eine gemeinsame Senkrechte, z. B. $\overline{AB}$.

10 a) g und h sind nicht parallel.
b) g und h sind parallel.

11 Die Linien sind parallel, auch wenn der optische Eindruck täuscht.

12 Auf die Hälfte verkleinert. Kontrolliere, indem du die Kästchen zählst.

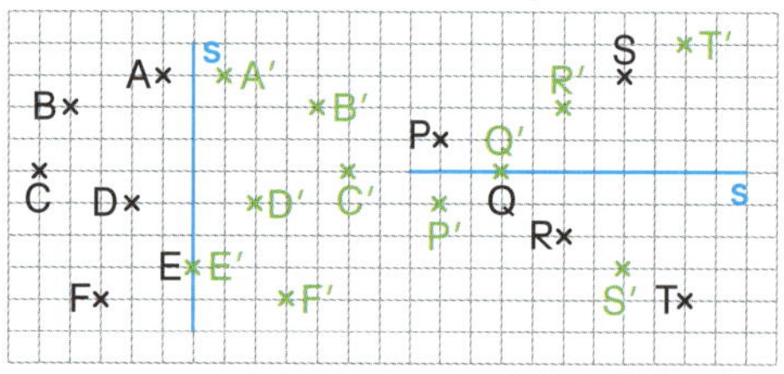

13 Auf die Hälfte verkleinert. Kontrolliere, indem du die Kästchen zählst.

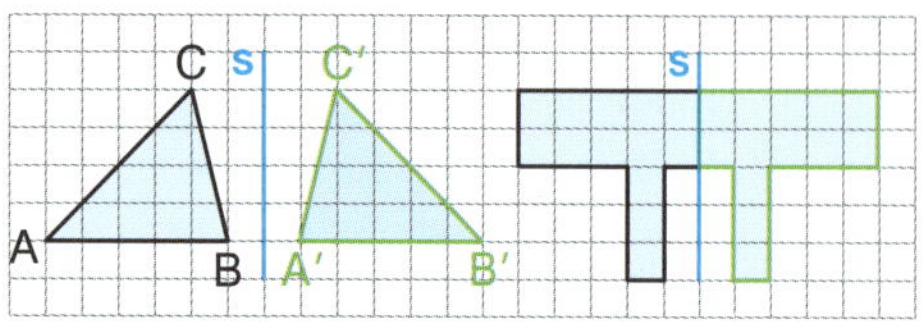

14 a)

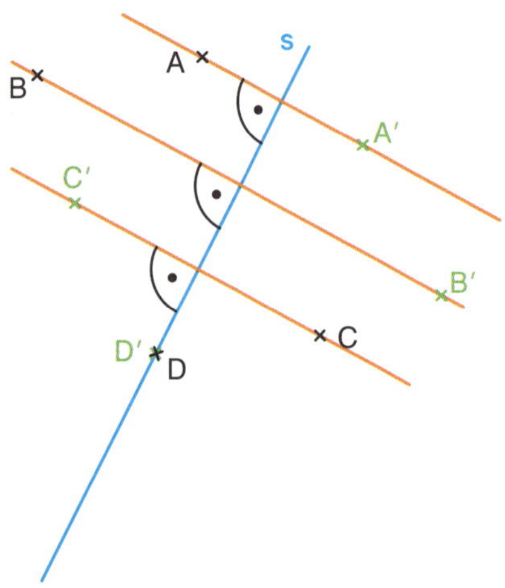

b)

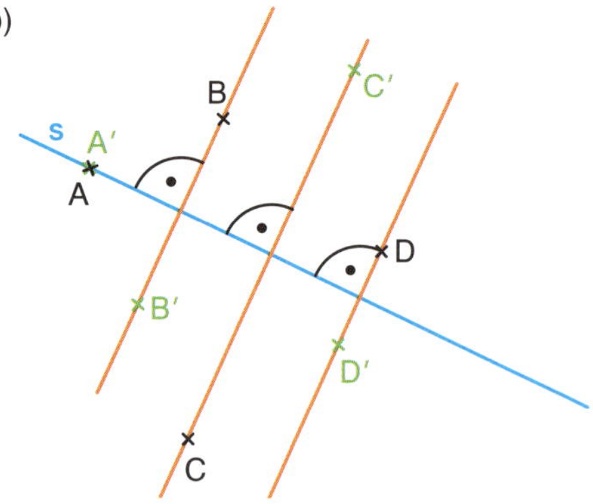

15 Hinweis: Bei „B“ muss geprüft werden, ob der obere Bogen exakt so aussieht wie der untere. Hier war er *etwas* kleiner.

16 Auf die Hälfte verkleinert. Kontrolliere, indem du die Kästchen zählst.

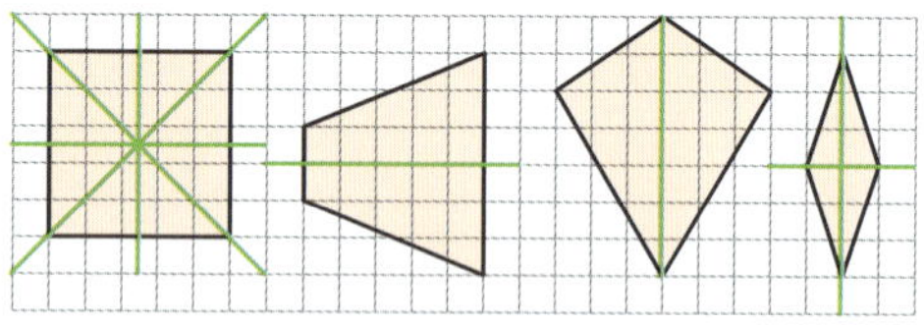

17 Auf die Hälfte verkleinert. Kontrolliere, indem du die Kästchen zählst.

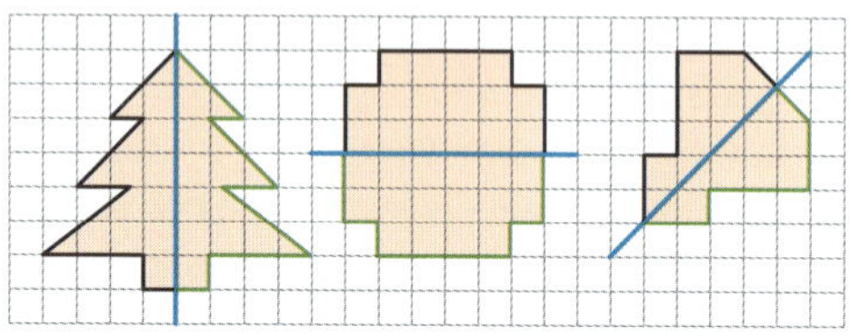

18 a) Die Fläche ist 50 Karos groß.
b) Die Fläche ist 49 Karos groß.

19 a) Die Fläche ist 60 Karos groß.
b) Die Fläche ist 48 Karos groß.

20 In 1 m passen 5 Fliesen. Also muss man für 3 m 15 Fliesen aneinanderlegen, und für 2 m sind 10 Fliesen nötig.
Für den gesamten Balkon werden also $15 \cdot 10 = 150$ Fliesen benötigt.

21 $10 \cdot 12 = 120$
Man braucht 120 Teppichfliesen.

22 a) Die Fläche ist 27 Karos groß.
b) Die Fläche ist 42 Karos groß.

23 Auf die Hälfte verkleinert. Kontrolliere, indem du die Kästchen zählst.

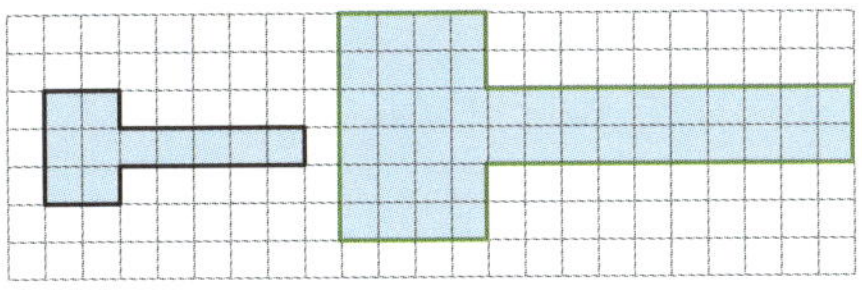

24 Auf die Hälfte verkleinert. Kontrolliere, indem du die Kästchen zählst.

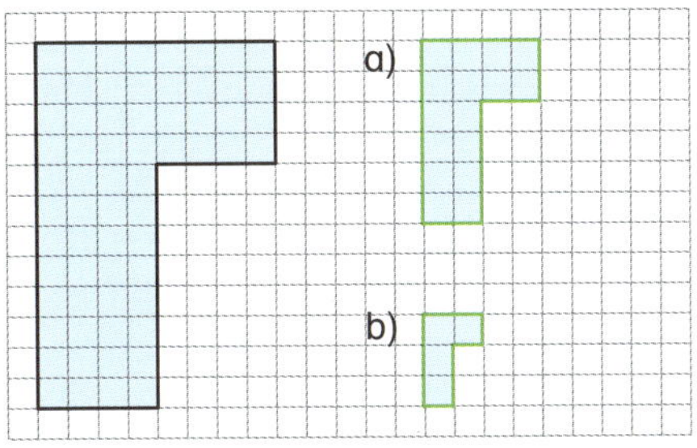

25 89 mm · 100 = 8900 mm = 890 cm = 8,90 m
45 mm · 100 = 4500 mm = 450 cm = 4,5 m
Der Stegosaurus war in Wirklichkeit 8,9 m lang und 4,5 m hoch.

26 Das Wohnzimmer ist in Wirklichkeit 4,80 m lang und 4 m breit (6 cm · 80 bzw. 5 cm · 80).
Der Balkon ist 2,80 m lang und 1,60 m breit (3,5 cm · 80 bzw. 2 cm · 80).

27 a) Karte: 59 mm; Wirklichkeit: ≈ 2224 m
b) Karte: 62 mm; Wirklichkeit: ≈ 2335 m
c) Karte: 28 mm; Wirklichkeit: ≈ 1056 m
d) Karte: 33 mm; Wirklichkeit: ≈ 1244 m

28 b) und d) sind keine Würfelnetze
a), c), e) und f) schon.

29 a)

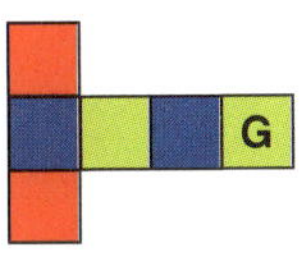

b)

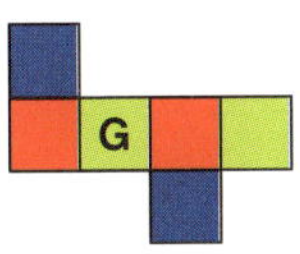

c)

d)

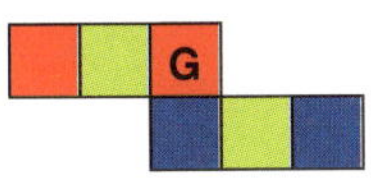

30 a)

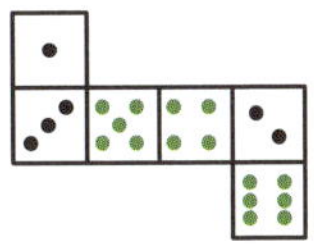

b)

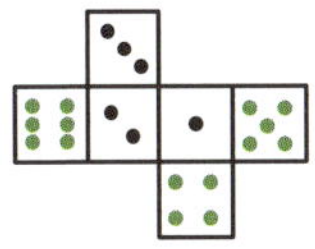

c)

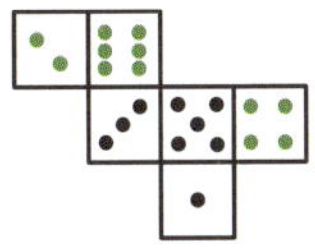

31

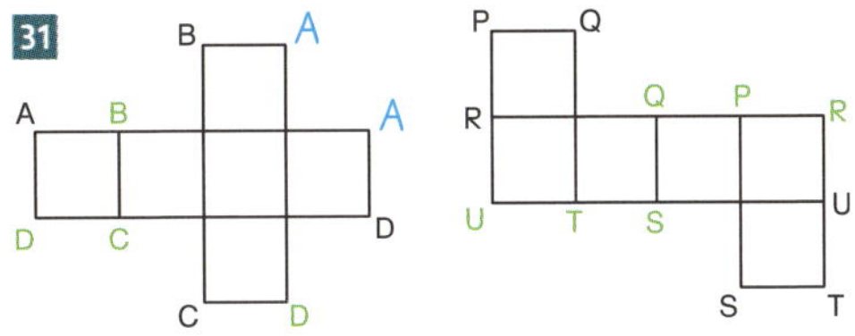

32 a) 7 Würfel b) 12 Würfel
c) 14 Würfel

33 Nur b) ist ein Quadernetz

34 a) 2 b) 1 c) 4 d) 3

35

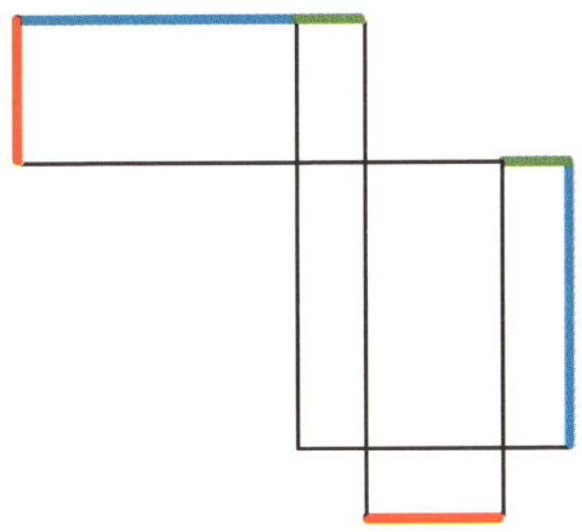

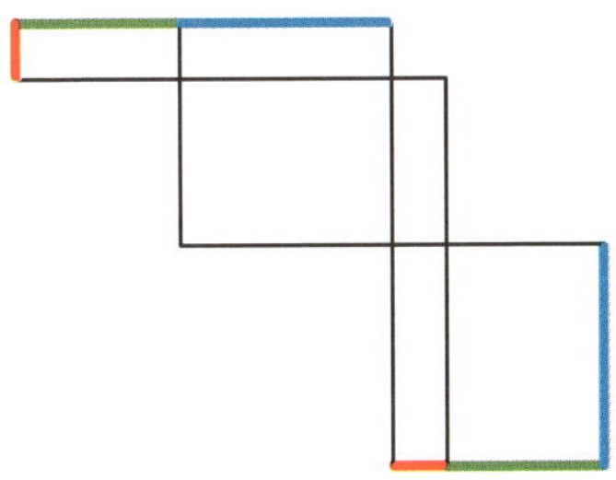

36 Auf die Hälfte verkleinert. Kontrolliere, indem du die Kästchen zählst.
Beachte bei c): 20 mm = 2 cm

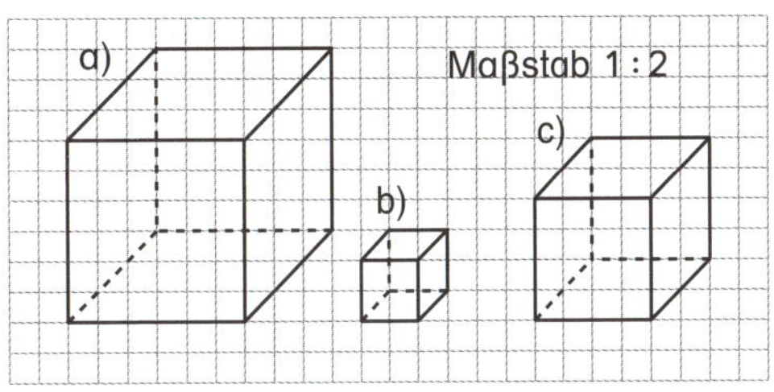

37 Auf die Hälfte verkleinert. Kontrolliere, indem du die Kästchen zählst.

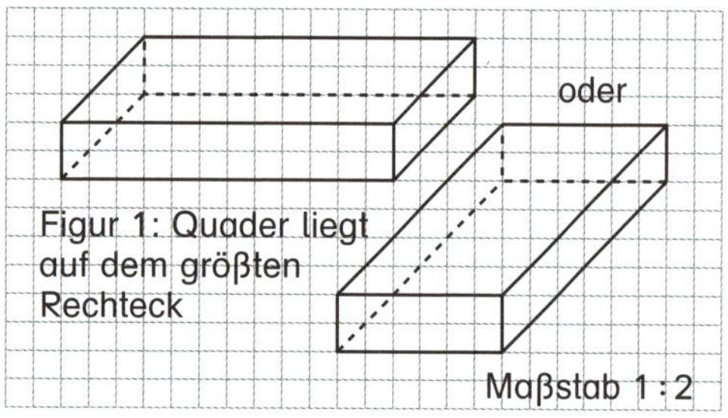

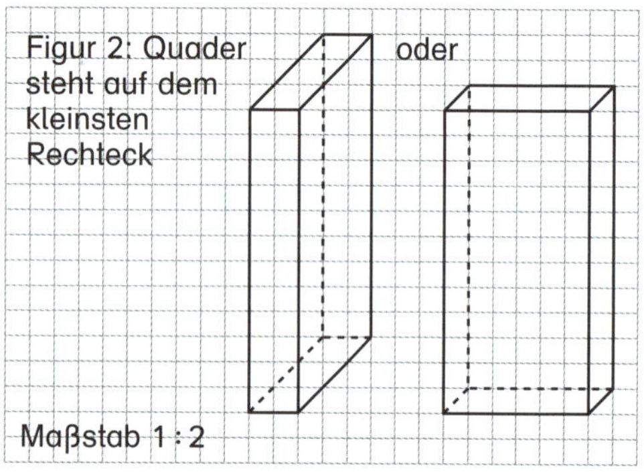

Zwischentest, Seite 104 bis 106

Falls nicht anders angegeben, gibt es für jede Teilaufgabe bzw. jeden Teilschritt einen Punkt.

1 Abstand beider Schnittpunkte = 3,1 cm

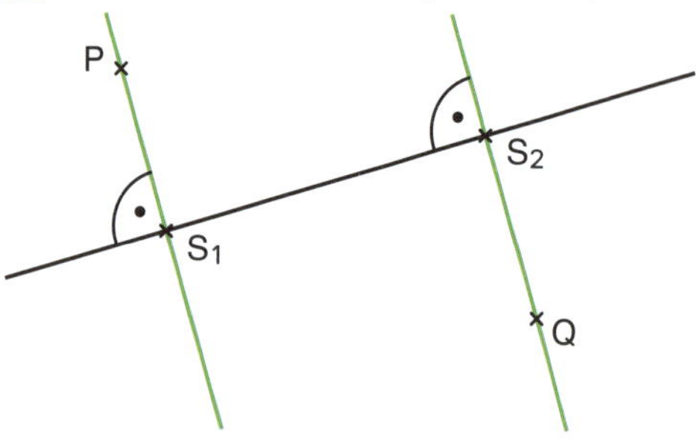

2 Parallel: i ∥ j und m ∥ l

3 a) (3 P.)

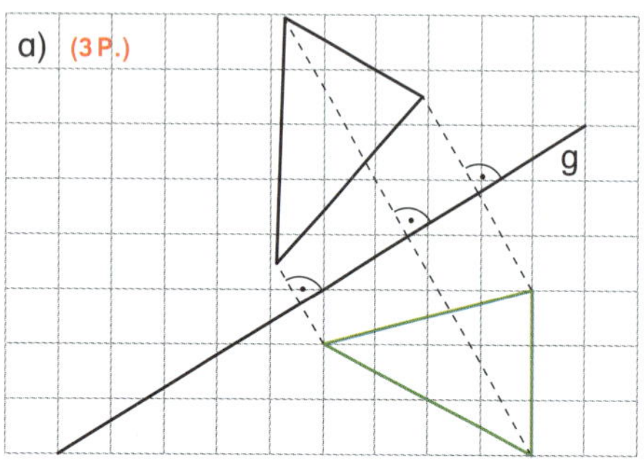

b) (3 P.)

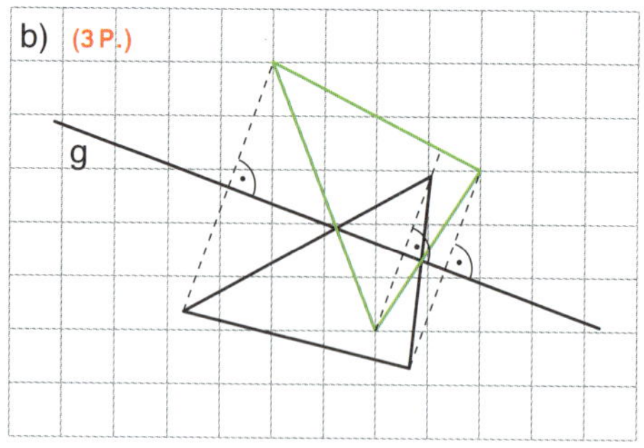

4 a) Die Länge des Rheins auf der Karte (von Konstanz aus gemessen) ist ungefähr 14 cm. (1 P.)
14 cm · 5 000 000 = 70 000 000 cm (1 P.)
Der Rhein in Deutschland ist etwa 700 km lang. (1 P.)

b) München – Würzburg: 4,5 cm ≈ 225 km
Würzburg – Gießen: 2,6 cm ≈ 130 km
Gießen – Köln: 2,5 cm ≈ 125 km
(je 1 P.)
Gesamtstrecke: 480 km (1 P.)
Fahrtzeit: (480 : 160) 3 Stunden
+ Aufenthalt: 3 Stunden 15 Minuten
7:52 + 3 h 15 min = 11:07 (1 P.)
Frau Brandl kommt um 11:07 Uhr an.

5 a)

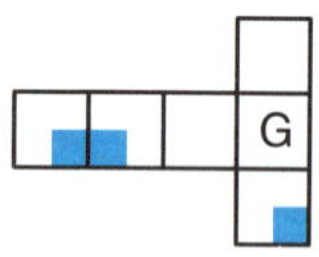

b)

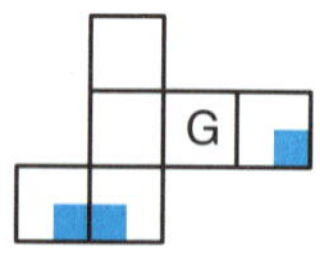

c)

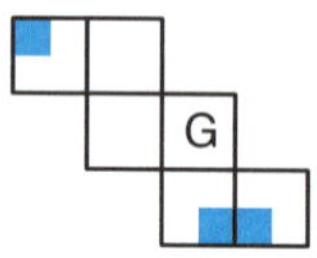

(je 2 P.)

6 „U" gegenüber „S", „L" gegenüber „C"
„E" gegenüber „H" (je 2 P.)

7 (je 2 P.)

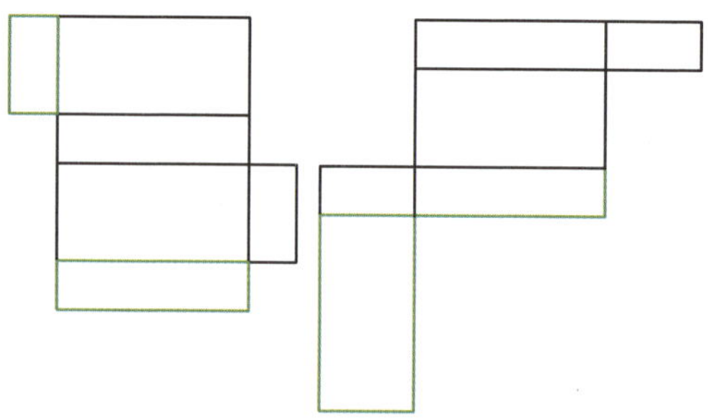

8 b) und c) passen zum Netz, a) nicht.
(je 2 P.)

Abschlusstest, Seite 107 bis 112

Falls nicht anders angegeben, gibt es für jede Teilaufgabe bzw. jeden Teilschritt einen Punkt.

1 1100; 2750; 3600; 3950; 5150

2
a) 4787 b) 12 500
c) 533 d) 72 110
e) 300 f) 15 500
g) 300 h) 4820
i) 4070 + **90** = 4160
b) 230 · **30** = 6900
k) **3645** − 43 = 3602
l) 12 000 : **40** = 300 (je 0,5 P.)

3
a) **7086** + **5933** ≈ 7100 + 5900 = 13 000
b) **7180** − **4972** ≈ 7000 − 5000 = 2000
c) **269** : **21** ≈ 300 : 20 = 15
d) **5874** : **59** ≈ 6000 : 60 = 100

4
a) 11 917 b) 2447
c) 13 822 d) 3386

5 a) 25 705 b) 10 395

6
a) 10 191 b) 372 811
c) 163 878 d) 2 078 736

7 a) 563 b) 702

8 26 173 Rest 3 (2 P.)

9 a) 30 b) 40 c) 170 (je 2 P.)

10

	2	3	4	5	6	9	10
201		x					
2345				x			
6048	x	x	x		x	x	

(3 P. wenn alle erkannt wurden, 1 P. weniger für jede nicht erkannte Teilbarkeit)

11
a) 2,86 € b) 5,38 € c) 68,84 €
d) 8,99 € e) 24,60 € f) 5,12 €

12 Gefäß 1 = 1500 ml, Gefäß 2 = 600 ml, Gefäß 3 = 1400 ml.
Insgesamt sind es 3500 ml.
Das sind 3,5 l.

13 Man muss 50 m mit 600 multiplizieren, um auf 30 km (= 30 000 m) zu kommen.
Man braucht somit 600 Tage für das 30 km lange Teilstück.

14 Es sind 1,400 kg · 8 = 11 200 g = 11,2 kg.
Zusammen mit dem Brot sind das 11 200 g + 650 g = 11 850 g = 11,850 kg.

15

Anfang	8.10 Uhr	13.10 Uhr	**12.36 Uhr**	10.45 Uhr	15.43 Uhr
Ende	13.43 Uhr	**16.25 Uhr**	16.55 Uhr	**16.25 Uhr**	19.06 Uhr
Dauer	**5 h 33 min**	3 h 15 min	4 h 19 min	5 h 40 min	**3 h 23 min**

16 900 km : 6 = 150 km in einer Stunde.
Der ICE fährt mit einer durchschnittlichen Geschwindigkeit von 150 km/h.

17 5 · 104 Sitzplätze = 520 Sitzplätze,
4 · 66 Sitzplätze = 264 Sitzplätze.
Insgesamt:
520 Sitzplätze + 264 Sitzplätze
= 784 Sitzplätze.
Der Zug hat insgesamt 784 Sitzplätze.

18 52 380 g − 3560 g = 48 820 g = 48,820 kg.
Die Waschmaschine wiegt 48,820 kg.

19 Zunächst muss man anhand der Geschwindigkeit von Ahmed die Strecke zwischen Behausen und der Sonnenalm berechnen:
Wenn Ahmed mit 5 km pro Stunde wandert und 6 Stunden (von 9 Uhr bis 15 Uhr) unterwegs ist, legt er 30 km (= 6 · 5 km) zurück. (2 P.)
Nun kann man aus der Strecke (30 km) und der Geschwindigkeit (6 km pro Stunde) die reine Marschdauer (ohne Pausen) von Jacob und Angelina berechnen.
Es ist 30 : 6 = 5.
Die reine Marschzeit beträgt also 5 h. (2 P.)
Da Jacob und Angelina noch 2 Stunden Pause einlegen, sind sie insgesamt 7 h unterwegs.
Sie kommen also **um 16 Uhr** (9 Uhr plus 7 h) auf der Sonnenalm an.
(2 P.)

20 a) Am häufigsten begegnen sie einem Reh, am seltensten einem Wildschwein. (1 P.)

b) Häufigkeitstabelle: (1 P.)

Tier	Reh	Wildschw.	Hase
Wie oft?	16	2	6

Tier	Bussard	Eichh.	Specht
Wie oft?	12	4	8

Säulendiagramm: (2 P.)

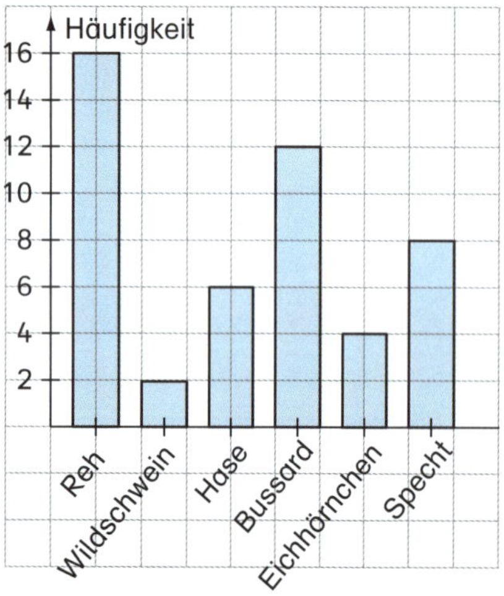

c) (1) Richtig, denn einem Reh ist Leonie bereits zweimal so oft begegnet wie einem Specht.
(2) Falsch, auch wenn Leonie erst zweimal ein Wildschwein gesehen hat, kann man es nicht völlig ausschließen, dass sie beim nächsten Waldspaziergang zufällig wieder ein Wildschwein sieht.
(3) Falsch. Füchse sind sehr scheue Tiere, sodass es nicht verwundert, wenn Leonie noch keinen gesehen hat. Das heißt aber noch lange nicht, dass es im Wald keine Füchse gibt.

d) Nein, denn es hat vielleicht auch Waldspaziergänge gegeben, bei denen Leonie überhaupt kein Tier gesehen hat oder vielleicht sogar gleich mehrere. Darüber gibt die Strichliste keine Auskunft.

21 a) nein
b) nein, g ist senkrecht zu k aber nicht zu h
c) nein
d) ja

22 a)

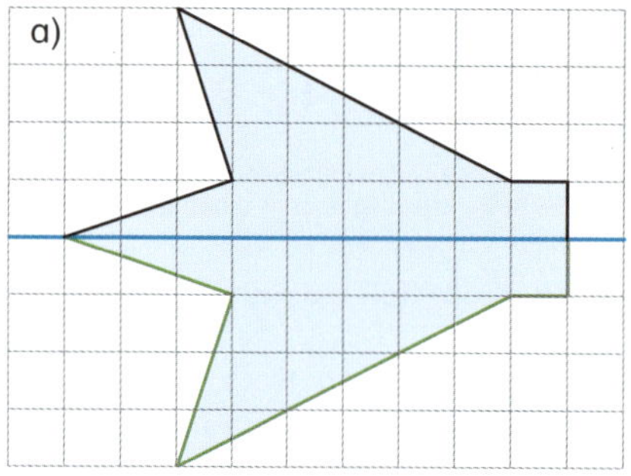

b)

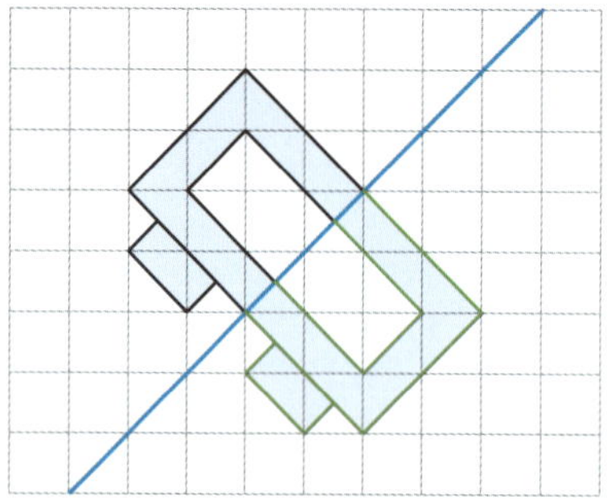

23 a) $3\,cm \cdot 500 = 1500\,cm$
$1500\,cm = 15\,m$
Die Fabrik ist 15 m hoch.

b) $5\,cm \cdot 500 = 2500\,cm$
$2500\,cm = 25\,m$
Die Fabrik ist 25 m lang.

24 a) nein b) ja c) ja
d) nein e) nein

25

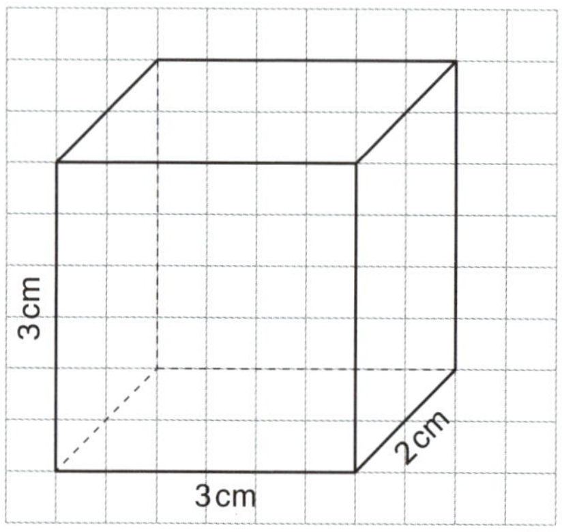